— DIE EPIGENETIK DES HUNDES

Für Wussel

DR. PETER SPORK

— DIE EPIGENETIK DES HUNDES

Wie Umwelt, Training und Zuchtumfeld die Gene prägen

KOSMOS

INHALT

VORWORT

IHR HUND IST MEHR ALS DIE SUMME SEINER GENE

Als ich vor 34 Jahren meine mündliche Diplomprüfung im Nebenfach Psychologie ablegte, ging es um die Psychologie des Hundes. Mein Prüfer dachte zu Recht, mich als Biologen würde dieses Thema besonders interessieren. Ich war gut vorbereitet, denn ich hatte Eberhard Trumlers Buch „Mit dem Hund auf Du“ (Trumler, 1989) gelesen.

Damals sprach noch niemand von Epigenetik. Und doch war offensichtlich, dass Welpen „fürs Leben geprägt werden“, wie Trumler schrieb. Er ging wie die meisten Verhaltensforschenden seiner Zeit davon aus, dass es angeborene, genetisch fixierte Voraussetzungen für bestimmte Verhaltensweisen des Hundes gibt – sogenannte Dispositionen. Und er meinte, dass diese Voraussetzungen aber erst dann wirksam werden, wenn die Tiere im Laufe ihres Lebens entsprechende Erfahrungen machen, wenn sie also geprägt werden.

Diese Prägungen stellten sich Trumler und Co. als weitgehend neurobiologische Prozesse vor, als Dinge also, die gelernt und im Gehirn abgespeichert werden.

BEDEUTUNG DER GENREGULATION

Heute sind wir weiter. Wir wissen, dass „angeboren“ und „genetisch fixiert“ nicht das Gleiche ist. Unsere Hunde erben von ihren Vorfahren nicht nur deren Erbgutmolekül DNA. Zudem findet ein bedeutender Teil der Prägung schon im Mutterleib statt. Wenn Hunde geboren werden, sind sie also bereits sehr viel mehr als die Summe ihrer Gene. Und je älter sie werden, desto mehr prägende Erfahrungen kommen hinzu. Was damals noch kaum jemand ahnte, ist die große Bedeutung der Genregulation.

Wesensmerkmale sind komplex. Sie werden nicht nur von den Nervenzellen und den Genen gesteuert, sondern auch von der Art, wie die zahllosen Zellen im Körper ihre Gene ablesen. Auf diese Art kommunizieren die Gene mit der Umwelt, sie beeinflussen sich gegenseitig und stehen untereinander in Beziehung.

Mit dieser Genregulation, deren Analyse in der Biologie eine immer größere Bedeutung gewinnt, beschäftigt sich die junge Wissenschaft der Epigenetik. Ihr verdanken wir die Erkenntnis, dass die Zellen praktisch eines jeden Lebewesens ein Gedächtnis haben. Dieses Gedächtnis der Zelle ist der Ort, an dem wir unsere Hunde prägen.

Derzeit erforscht die Wissenschaft intensiv die Epigenetik von Säugetieren – auch die des Hundes. Schon bald werden wir viel besser wissen, wie wir mithilfe der Zucht, des Trainings und der Haltung Einfluss nehmen können auf das Wesen und die Gesundheit der Vierbeiner. Denn die entscheidende, schon heute unbestrittene Erkenntnis der Epigenetik lautet: **Mit unserer Beziehung zum Hund, mit der Art, wie wir ihn behandeln und ernähren, aber auch über das Umfeld, das wir ihm bieten, verändern wir den Vierbeiner in seinem tiefsten Inneren.**

Wir prägen seine Molekularbiologie und sorgen so im besten Fall dafür, dass er zu dem einzigartigen Tier wird, als das wir ihn uns wünschen. Doch damit nicht genug: Teile seiner epigenetischen Prägung gibt der Hund auch an die Nachkommen weiter.

All das sind Erkenntnisse, die die Art, wie wir unsere Hunde sehen und wie wir mit ihnen umgehen, dramatisch verändern werden. In der „Hundeszene“ hat sich das noch kaum herumgesprochen. Aber längst ist klar: Sie wird umdenken müssen.

Wenn Sie, liebe Leserinnen und Leser, dieses Buch gelesen haben, gehören Sie zu den ersten Hundefreundinnen und Hundefachkräften, die sich mit Epigenetik auskennen. Sie sind dann gut vorbereitet auf die dramatischen Umwälzungen, die die neuen Erkenntnisse zur Vererbung komplexer Eigenschaften auslösen werden.

Und mehr noch: Sie werden früher und besser als andere wissen, was die optimalen Voraussetzungen für ausgeglichene, glückliche und gesunde Hunde sind. Ihre vierbeinigen Gefährten werden es Ihnen danken.

Einfluss ja, Allgemeinrezept nein

Ich werde Ihnen in diesem Buch allerdings nicht erklären, wie sie aus Ihrem Hund gezielt einen noch besseren, liebenswürdigeren oder gesünderen Hund machen oder mit welchen Kniffen Sie Ihre Zucht oder das Training optimieren können. Solche Ratschläge gibt die Wissenschaft der Epigenetik noch lange nicht her. Dieses Buch ist kein Ratgeber!

Noch weiß niemand, wie man die nebengenetischen Strukturen von Hunden gezielt beeinflussen kann. Außerdem sind Hunde viel zu verschieden und ihre wichtigen Eigenschaften viel zu komplex geregelt, um sie mit allgemeingültigen Regeln über einen Kamm zu scheren.

Immerhin: Die zugrunde liegende Wissenschaft verrät Ihnen schon heute, *dass* Sie Einfluss nehmen können. *Wie* Sie am besten Einfluss auf Ihre persönlichen, hochindividuellen Hunde nehmen, müssen Sie im empathischen, offenen und fragenden Zusammenspiel mit diesen Tieren und auf der Basis der vermutlich großen allgemeinen Kenntnis von Hunden, die Sie längst besitzen, selbst herausfinden.

Mein Buch wird Sie auf diesem Weg unterstützen und motivieren. Nicht mehr – aber auch nicht weniger.

---

*Ihr Hund ist nicht die Summe seiner Gene.
Er ist also auch nicht das Produkt seiner Rasse oder
der Rassehundezucht. Er ist unendlich viel mehr.*

Wie er Sie empathisch anschaut, sich von Ihnen mehr oder weniger gut trainieren oder erziehen lässt – so ist er nicht geworden, weil er all das genetisch von den Elterntieren geerbt hat. Vieles davon hat er von Ihnen. Denn Ihre Anleitung ist es, die dabei hilft, dass die Genetik und Epigenetik des Hundes bestmöglich zusammenarbeiten.

Ihr Hund ist ein hochkomplexes, manchmal leicht, oft aber auch sehr schwer zu durchschauendes und zu beeinflussendes Wesen. Dieses Wesen lässt sich weder auf seine Rasse, noch auf den Code seiner Gene reduzieren. Es ist ein Wunder! Und Sie sollten es entsprechend behandeln.

WANDEL IN DER KYNOLOGIE

Folgen Sie mir in die Welt der Epigenetik, denn sie wird Ihnen einen völlig neuen Blick auf die Prägung des Hunde-Wesens ermöglichen. Es ist eine Welt, von der die Hundezucht, das Hundetraining und die Hundehaltung noch sehr viel lernen können.

Die Wissenschaft von Hund und Hundezucht – Kynologie genannt – bekommt das erst allmählich mit. Letztlich werden die Hunde und ihre Haltenden von den neuen Erkenntnissen profitieren, also auch Sie als Lesende ganz persönlich.

Mit diesem Buch möchte ich erreichen, dass Sie auf verständliche, anschauliche und auch ein wenig unterhaltsame Weise das nötige Wissen gewinnen, um den Wandel in der Kynologie aktiv zu begleiten. Ich möchte Ihnen zudem helfen, Ihre Hunde besser zu verstehen und fördernd zu begleiten. Ganz nebenbei werden Sie sogar eine Menge Neues über sich selbst erfahren.

Seit 17 Jahren beschäftige ich mich intensiv mit Epigenetik. Ich habe zwei Bestseller geschrieben, in denen ich die Epigenetik des Menschen erkläre. Und seit gut zehn Jahren halte ich vermehrt Vorträge und gebe Workshops zum Thema, speziell für Hundefachleute. Das Interesse an dieser neuen Sicht des Lebens wird auch in der Hundefachwelt immer größer.

Als Kind hatte ich einen wunderbaren Hund. Er hieß Wussel und stammte von der Langhaardackelin meiner Großmutter und einem Zwergschnauzer. Leider war er nicht immer einfach. Und ich fürchte, ich selbst hatte meinen Anteil daran.

Ich habe Wussel geliebt, aber große Teile seines Wesens blieben mir verschlossen. Heute, im Lichte der Epigenetik, beginne ich endlich zu begreifen, was seine Biologie, seine Gesundheit, seine Persönlichkeit ausmachten. Dieses Buch ist ihm gewidmet.

Ich wünsche viel Spaß beim Lesen,
Ihr Dr. Peter Spork

PS: Fast nirgends in der Biologie gibt es simple, streng voneinander abgrenzbare Verteilungen auf nur zwei Erscheinungsformen. Egal ob Mensch, Hund oder irgendein anderes Säugetier: Es wird immer Organismen geben, die sich nicht klar einem Geschlecht zuordnen lassen oder vom Verhalten und Empfinden zu einem anderen Geschlecht gehören, als es äußerlich den Anschein hat. Solche Phänomene sind letztlich eine biologische Notwendigkeit.

Weil ich niemanden von Ihnen, liebe Lesende, ausgrenzen möchte, formuliere ich deshalb stets so integrativ wie möglich. Manchmal greife ich auch zum sogenannten Genderstern. Sollte das Ihren Lesefluss stören, bitte ich es zu entschuldigen. Sie werden sich bestimmt daran gewöhnen. Im Gegenzug hilft es dabei, dass sich weniger Menschen durch die Sprache ausgegrenzt fühlen.

KAPITEL 1

DER ERSTE UND DER ZWEITE CODE

Die Einführung in die Genetik und Epigenetik

Die Genetik ist eine der wichtigsten Forschungsrichtungen der Biologie. Auch für die Hundezucht ist sie von herausragender Bedeutung. Die Vielfalt der modernen Hunderassen zeigt, was passieren kann, wenn man gezielt nach Merkmalen wie Körperbau und -größe oder Fellfarbe selektiert. Aber mit Genetik alleine lassen sich viele biologische Phänomene nicht erklären.

Dieses Kapitel zeigt, dass Genetik sehr viel mehr ist als die Weitergabe biologischer Informationen an folgende Generationen. Gene enthalten die Baupläne für alle Biomoleküle. Kein Hund oder Mensch wäre lebensfähig, wenn die Zellen nicht permanent entscheiden würden, ob, wann und wo ein Gen abgelesen wird. Das gelingt auch dank nebengenetischer Markierungen, die bestimmen, welche Gene eine Zelle überhaupt benutzen kann und welche nicht. Mit diesen Markierungen beschäftigt sich die Wissenschaft der Epigenetik.

VOM ZEITALTER DER GENETIK

Im Jahr 1953 publizierten die Biologen James Watson und Francis Crick als erste das berühmte Modell einer DNA. So lautet die auch hierzulande gebräuchliche englische Abkürzung für Desoxyribonukleinsäure. Was damals eine Sensation war, kennt heute jedes Kind: Das zentrale und mit Abstand wichtigste Molekül des Erbguts sieht aus wie eine Doppelhelix.

Der Stoff, der den Code für alle wichtigen Proteine enthält, die ein Organismus aus sich selbst heraus erzeugen kann, besteht aus zwei umeinander spiralig gewundenen Strängen. Die beiden Stränge verbinden in regelmäßigen Abständen Paare von Nukleinbasen. Sie halten das Molekül zusammen, sind sozusagen die Sprossen einer um ihre eigene Längsachse gedrehten Leiter.

Im Jahr 1962 erhielten Watson und Crick gemeinsam mit dem Kollegen Maurice Wilkins, der ihnen die entscheidenden Röntgenbilder einst gezeigt hatte, auf denen die Form der DNA erstmals erkennbar geworden war, den Nobelpreis für Physiologie und Medizin. Die eigentliche Entdeckerin der DNA war aber die Röntgenstrukturanalystin Rosalind Franklin. Sie hatte diese ersten Aufnahmen der DNA Anfang der 1950er Jahre gemacht. Leider war sie vier Jahre vor der Verleihung des Nobelpreises an Krebs gestorben. Sie hätte ihn als Allererste verdient gehabt.

Doch warum beeinflusst diese Entdeckung unser Leben noch heute? Warum ist sie für die Entwicklung neuer Medikamente, den Kampf gegen Krebs, für das Verständnis von Vererbung, das allgemeine Funktionieren des Lebens und nicht zuletzt für die Hundezucht von so herausragender Bedeutung? **Weil es erst mit der Entdeckung der Struktur der DNA gelang, den Code des Lebens und die Mechanismen der Vererbung zu entschlüsseln und schließlich auch zu lesen.**

Die vollständige Aufklärung der DNA und ihrer Eigenschaften war fraglos eine der wichtigsten Entdeckungen der vergangenen hundert Jahre. Aber die Wissenschaft zieht weiter.

Heute geht es um sehr viel mehr als den ersten, den genetischen Code: Es geht um die Frage, wie es den Zellen – unter anderem von Mensch und Hund – gelingt, ein Gedächtnis für Umwelteinflüsse zu entwickeln und dadurch im Zusammenspiel mit zahllosen anderen Faktoren die Komplexität des Lebens zu erschaffen.

Im Jahr 1953 begann also das Zeitalter der Genetik. Und dieses Zeitalter sollte genau fünf Jahrzehnte andauern, bis im Jahr 2003 das erste menschliche Genom, der erste annähernd vollständige DNA-Text, wie er sich so ähnlich in jeder unserer Körperzellen findet, gelesen worden war.

Erstes Genom eines Hundes

Das erste Genom eines Hundes entzifferten Forschende nur kurze Zeit später, im Jahr 2005 (Lange, 2005). Es gehörte der Boxerhündin Tasha und bestand wie bei allen Hunden aus etwa 2,4 Milliarden aneinandergereihten Nukleinbausteinen. Zum Vergleich: Beim Menschen sind es etwa 3,3 Milliarden.

Der Text der DNA enthält dabei nur vier Buchstaben: C, G, T und A. Sie stehen für die Basen – also jene Bestandteile, die die Sprossen der Doppelhelix bilden – Cytosin, Guanin, Thymin und Adenin. Ihre Abfolge kann letztlich den Bauplan eines jeden denkbaren Proteins kodieren, das wiederum aus vielen aneinandergereihten Aminosäuren besteht. Solche Proteine werden permanent in riesengroßer Zahl von unseren Zellen oder auch den Zellen unserer Hunde produziert.

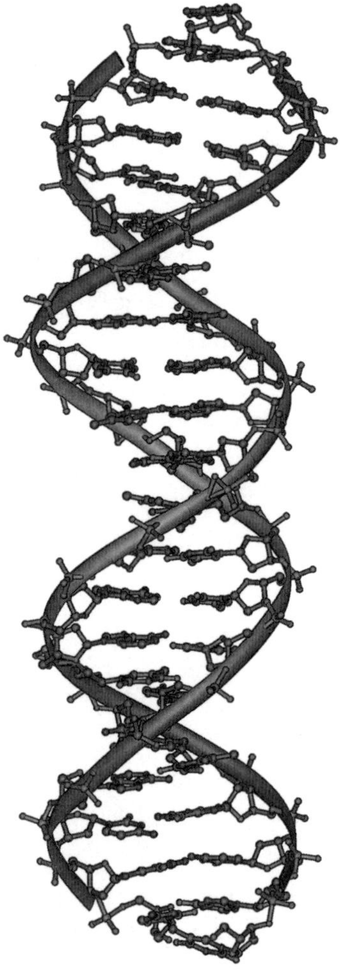

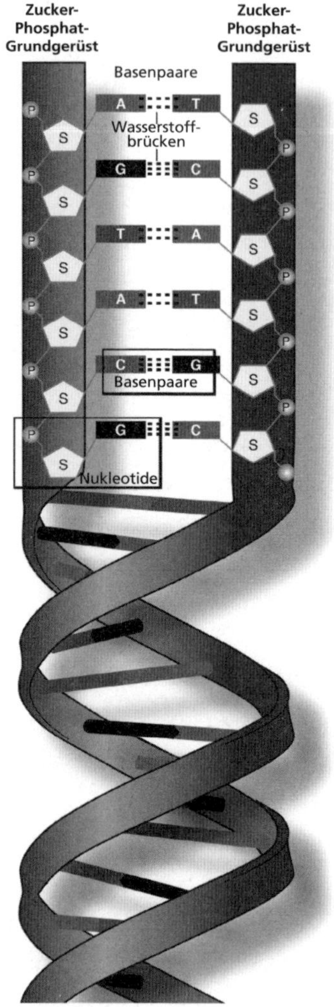

Links: Die Desoxyribonukleinsäure (DNA) besteht aus einem Doppelstrang von aneinandergereihten Nukleinbausteinen, die so ineinander verdreht sind, dass sie eine Doppelhelix bilden (hier ein Strukturmodell).

Rechts: Schematische Zeichnung der Desoxyribonukleinsäure (DNA), die die vier Nukleinbasen zeigt: Adenin (A) paart sich immer mit Thymin (T), Cytosin (C) mit Guanin (G).

Die DNA befindet sich im Kern der Zelle. Dort existiert auch eine Menge wichtiger Arten von Proteinen. Eines davon kann über die DNA hinweggleiten und liest dabei den Nukleinbasen-Text jeweils eines Gens ab. Dieser Text wird schließlich übersetzt in ein Botenmolekül aus der Gruppe der sogenannten Boten- oder messenger-RNAs (mRNAs), das für das Gen typisch ist. Diese Substanzen sind spätestens seit der ersten Coronaimpfung berühmt. Dabei handelt es sich nämlich um nichts anderes als um eine mRNA, die den Code für einen Teil des Coronavirus enthält.

Bei dem Impfstoff stammte der Code aus dem Labor und nicht aus dem Zellkern. Die Anti-Corona-mRNA musste gespritzt werden. Aber von der Zelle selbst gebildete mRNAs gelangen vom Zellkern ganz von alleine in das gewöhnliche Zellinnere. Und dort werden nach ihrer Anleitung die neuen Proteine zusammengebaut. Im Fall der mRNA-Impfung produziert der Körper seinen Impfstoff also selbst. Gespritzt wird nur der Bauplan.

Code des Lebens

Der eigentliche Code des Lebens steckt demnach in der Abfolge der Nukleinbasen der DNA, die die Codes für kleine RNAs speichert, nach deren Anleitung die Zelle letztlich Proteine baut. Hunde wie Menschen haben diesen Code des Lebens von ihren Eltern geerbt, wobei deren Erbgut neu zusammengewürfelt worden ist.

Deshalb sind sich Geschwister ähnlicher als Tiere oder Menschen, die nicht eng miteinander verwandt sind. Und deshalb sind wir alle und unsere Hunde auch so einzigartig. Nur Klone oder eineiige Zwillinge haben eine nahezu identische DNA.

Doch schon hier wird klar: Die DNA speichert zwar den Bauplan der Proteine – also letztlich aller aktiver Biomoleküle, die eine Zelle aus sich selbst heraus produzieren kann. Unterschiede in der DNA sorgen dafür, dass diese Proteine verschieden gut arbeiten und damit für mehr oder weniger gut ausgeprägte Eigenschaften verantwortlich zeichnen. Sie sorgen aber nicht dafür, welche Art von Proteinen überhaupt in einer Zelle existiert oder von dieser gerade gebildet wird. Dazu benötigt man eine weitere Ebene der Informationsverarbeitung: die **Genregulation.**

Je nach Aufgabe und Art der Zelle eines Hundes, erzeugt diese Genregulation aus dessen Genom einen unterschiedlichen Satz an Proteinen, obwohl die Gene und Genvarianten in allen Zellen eines Individuums nahezu identisch sind. Das können Botenstoffe wie Hormone sein oder Enzyme, die beim Verdauen von Nahrung helfen, oder Antikörper, die nützlich im Kampf gegen Infektionen sind.

Die Zellen eines Menschen oder eines Hundes können immer nur solche Proteine bauen, für die es in ihrer DNA auch einen Code gibt. Ein solcher Code heißt Gen. Der Mensch hat etwa 23 000 solcher Gene. Bei Hunden sind es ähnlich viele. Und mit diesen beschäftigt sich die Wissenschaft der Genetik.

Von jedem Gen gibt es verschiedene Varianten. Sie besitzen kleine Unterschiede in der Abfolge der Nukleinbasen. Oft haben diese Unterschiede keinerlei Auswirkung auf das Äußere oder die Gesundheit von Mensch und Tier. Aber manche solcher Veränderungen – **Mutationen** genannt – beeinflussen auch die Eigenschaften der von ihnen kodierten Proteine. Und so kann es sein, dass nur einige wenige Mutationen nötig sind, damit eine Zuchtlinie von Hunden ihre Fellfarbe, die Größe oder zum Beispiel den Körperbau verändert.

Zucht auf Merkmale

Wie mächtig dieses Prinzip ist, zeigt kaum etwas so deutlich wie die moderne Rassehundezucht. Kaum zu glauben, dass die Deutsche Dogge und der Chihuahua, der Windhund und der Mops oder der

Golden Retriever und der Pudel von Hunden abstammen, die sich noch vor 200 Jahren vergleichsweise ähnlich waren. Sie alle sind nach dem simplen Prinzip der Auswahl entstanden. Es wurde immer nur mit jenen Tieren weitergezüchtet, bei denen ein bestimmtes, gewünschtes Merkmal besonders deutlich ausgeprägt war. Und damit wurden die dafür verantwortlichen Genvarianten in der entsprechenden Zuchtlinie immer häufiger. Bis eine neue Rasse entstanden war.

Diese Beobachtung zeigt, wie unerhört wichtig die Entdeckung der DNA und das daraus resultierende Zeitalter der Erforschung der genetischen Vererbung sind. Doch über die Begeisterung für die wichtigen Erkenntnisse dieser Zeit wurde vergessen, dass die Gene nur die Basis bilden für etwas sehr viel Größeres: Die meisten Merkmale – Intelligenz, Trainierbarkeit, Aggressivität, Fitness, Widerstandskraft, um nur einige zu nennen – entstehen aus dem komplexen Muster, das die Aktivität vieler Gene in vielen Zellen gemeinsam bilden. Eine Mutation in einem oder zwei Genen verändert bei solchen Merkmalen, anders als bei den simplen Merkmalen, relativ wenig. Komplexe Merkmale lassen sich mit einfacher Zucht nicht so leicht verändern.

Klar ist, dass vergleichsweise einfach gesteuerte Merkmale wie Fellfarbe, allgemeines Aussehen und Körpergröße im Zuge der Entwicklung eines Hundes jeweils von nur einem oder einigen wenigen Genen gesteuert werden. Hier können einzelne Mutationen binnen weniger Generationen gewaltige, äußerlich sichtbare Veränderungen auslösen. Hier kann eine gezielte Zucht in kurzer Zeit viel erreichen.

Das Gleiche gilt für sogenannte Erbkrankheiten. Dabei mutiert meist nur ein Gen so, dass ein wichtiges Protein nicht mehr richtig funktioniert und das Risiko für eine bestimmte Krankheit massiv steigt. Hier kann die Zucht sogar fatale Folgen haben. Je geringer nämlich insgesamt die Zahl der Genvarianten innerhalb einer Zuchtlinie wird, desto größer ist die Gefahr, dass krank machende Genvarianten übermächtig werden.

Deutsche Schäferhunde bekommen zum Beispiel häufig eine Hüftgelenksdysplasie. Die Hüfte ist instabil, das Risiko für starke Schmerzen und Arthrose ist erhöht. Kurzschnäuzige Rassen wie Boxer, Bulldogge oder Mops leiden oft am Brachyzephalen Atemwegssyndrom. Sie bekommen dann schlecht Luft, schnarchen ständig und sind weniger leistungsfähig. In diesem Fall ist die gezielte Zucht eines genetisch gesteuerten übertriebenen körperlichen Merkmals letztlich verantwortlich für die Krankheit.

Andere Rassen neigen zum Beispiel zu epileptischen Anfällen, zu Stoffwechselkrankheiten wie Übergewicht und Diabetes oder zur Schlafanfallskrankheit Narkolepsie. Auch hier scheinen Mutationen in einzelnen oder einigen wenigen Genen das Krankheitsrisiko zu erhöhen. Beim Menschen gibt es nach Schätzungen 6 000 bis 10 000 solcher genetischer Krankheiten. Sie alle sind selten. Aber bei Hunden können sie als indirekte Folge der Zucht bei einzelnen Rassen sehr häufig auftreten. Das geschieht immer dann, wenn der sogenannte Genpool, also die Gesamtheit der Genvarianten pro Gen, innerhalb einer Rasse wegen sehr enger Zuchtkriterien klein geworden ist. Dann stammen alle lebenden Hunde einer Rasse letztlich von nur sehr wenigen Vorfahren ab. Hatten diese eine krank machende Mutation, oder ist eine krank machende Eigenschaft eng an Genvarianten gekoppelt, die für das äußere Erscheinungsbild der Rasse wichtig sind, tritt die genetische Krankheit auf einmal häufig auf.

Mehr als nur Gene

Es stimmt also, dass Gene eine große Bedeutung haben können – bei einfach vererbten Merkmalen. Was aber definitiv nicht stimmt, ist, dass sämtliche Merkmale von Menschen oder Hunden auf eine derart simple Weise – also nur von einem oder einigen wenigen Genen zugleich – vererbt und gesteuert werden. Im Gegenteil: Bei den allermeisten Merkmalen ist die Sache komplizierter. Sie beruhen nicht auf einfacher Genetik, bei der jede Eigenschaft aus der Wirkung eines oder einiger weniger Gene resultiert. Dann müssten Hunde oder Menschen ja sehr, sehr viel mehr Gene haben.

Es ist zum Beispiel offensichtlich, dass sich das Wesen eines Hundes auch dann verändern kann, wenn die Gene unverändert bleiben. Weniger offensichtlich ist, dass bestimmte Wesensmerkmale typisch für eine bestimmte Rasse oder Zucht sein können – und trotzdem nicht genetisch fixiert sein müssen.

Fakt ist: All die Gene, die sich bei der Verwandlung des Wolfes zum Hund und weiter zu den vielen verschiedenen modernen Hunderassen tatsächlich systematisch verändert haben, machen verglichen mit der Zahl aller Hunde-Gene eine winzig kleine Gruppe aus. Deshalb kann man auch heute noch mit Fug und Recht behaupten, dass in jedem Hund ein Wolf steckt.

„Genetisch gesehen ist selbst ein Chihuahua eigentlich noch ein Wolf", schrieb schon vor Jahren die Genetikerin Violeta Munoz-Fuentes vom Senckenberg-Forschungsinstitut in Gelnhausen (de Groot et al., 2016). Die ungewöhnliche Vielfalt der fast 350 Hunderassen lasse sich nicht alleine mit genetischen Veränderungen erklären. *„Der Unterschied in der DNA zwischen Hunden und Wölfen ist minimal."*

Es scheint, als habe das Zeitalter der Genetik nicht genügt, den modernen Hund grundlegend zu verstehen. Es scheint deutlich mehr im Spiel zu sein als nur die Gene und ihre Varianten.

DIE EIGENTLICHE AUFGABE DER GENE

Denken wir nach über Gene, Genvarianten und Genetik, unterläuft uns häufig ein Irrtum, der leider oft auch ein gewaltiger Trugschluss von Züchtenden ist: Wir denken, die Vererbung der genetischen Codes an folgende Generationen sei die Hauptaufgabe der DNA.

Gene seien vor allem dafür da, Informationen für die kommenden Generationen bereitzustellen. Aber das ist falsch.

Die Hauptaufgabe der DNA ist, dass die in ihr gespeicherte Information auch abgerufen und benutzt wird. Die DNA wird permanent abgelesen und in Proteine übersetzt. Sie ist verantwortlich, dass Lebewesen den Prozess des Lebens überhaupt leben können. Zu diesem Zweck hat jeder Hund Billionen Kopien der einen, einst von den Elterntieren geerbten, DNA in seinem Körper abgelegt.

Auf der anderen Seite existiert ein verschwindend geringer Anteil der gesamten körpereigenen DNA, der einen anderen Zweck erfüllt. Er wird schon sehr früh in der Entwicklung eines Menschen oder Hundes in den Keimzellen beiseitegelegt und sorgfältig behütet. Nur aus diesen Zellen – den Spermien und den Eizellen – entstehen später einmal Nachkommen.

Alle Eizellen werden bei Mensch wie Hund schon während der Embryonalzeit angelegt, also im Mutterleib noch vor der Geburt. Bei den Rüden entstehen zunächst nur Vorläuferzellen, aus denen später jene Zellen gebildet werden, die permanent neue Samenzellen (Spermien) produzieren.

Anders als oft gedacht, enthält die DNA einer jeden Zelle natürlich nicht den Bauplan eines vollständigen neuen Wesens. Sie enthält lediglich die Pläne für die Bestandteile, aus denen dieses Wesen im permanenten Zusammenspiel – man könnte auch sagen, im Dialog – mit seiner Umwelt heranwächst. Und sie enthält einige Anweisungen, wie sich ein neuer Organismus im Laufe des Wachstums aus sich selbst heraus organisiert, damit ein bestimmtes äußeres Erscheinungsbild entsteht.

Ohne Umwelt wüssten die Gene die meiste Zeit gar nichts mit sich anzufangen. Ohne Gene könnte die Umwelt aber auch keine neuen Lebewesen erschaffen. Für ein neues Leben braucht es also immer beides: Erbe und Umwelt. Und beides ist untrennbar miteinander verbunden.

Für die Vererbung über Generationsgrenzen hinweg ist die DNA in den Eizellen und Spermien verantwortlich. Das ist aber – wie erwähnt – nur ein verschwindend geringer Teil der DNA im Körper.

Jede der gewöhnlichen Körperzellen hat einen eigenen, winzig kleinen Zellkern. Und in jedem dieser etwa zehn Mikrometer kleinen Kerne befinden sich etwa zwei Meter DNA. Beim 70 Kilogramm schweren männlichen Menschen liegen diese zwei Meter etwa sieben Billionen Mal verteilt auf 23 Chromosomenpaare vor. (Insgesamt hat ein solcher Mensch etwa 36 Billionen Zellen, aber die meisten sind kernlose rote Blutkörperchen (Hutton et al., 2023).)

Auch alle diese DNAs wurden von anderen Zellen geerbt – und zwar direkt von den Zellen, aus denen heraus sie durch Zellteilung entstanden sind. Sie alle sind im Endeffekt Kopien des doppelten Chromosomensatzes, wie er einst bei der Zeugung durch die Verschmelzung von Ei- und Samenzelle der Eltern entstanden ist. Von jedem Elternteil haben Menschen wie Hunde jedes Gen einmal erhalten.

Es existieren in ihren Zellen also jeweils zwei Varianten jedes gewöhnlichen Hunde- oder Menschen-Gens. Ausnahmen sind die Gene auf X- und Y-Chromosom bei männlichen Hunden oder Menschen. Diese existieren nur einmal.

Teilt sich eine Zelle, verdoppelt sie zunächst ihre DNA, indem sich die beiden Stränge der Doppelhelix voneinander trennen und der jeweils fehlende Strang neu angebaut wird. Weil sich dabei immer nur eine der vier Basen mit je einer bestimmten der drei anderen paaren kann, muss der Text der DNA identisch bleiben. Es gibt den einen, immer gleichen Strang und den anderen, der einen ebenfalls immer gleichen spiegelbildlichen Code enthält. Eine geniale Erfindung der Natur!

Beim Hund und allen anderen Tieren funktioniert das wie beim Menschen. Allerdings sind Hunde kleiner als wir und haben weniger Körperzellen. Ihre DNA ist auch etwas kürzer, weil sie weniger Abschnitte enthält, auf denen keine Gene liegen. (Die Zahl der Gene ist ja annähernd gleich.) Dafür haben Hunde aber mehr Chromosomenpaare als Menschen, nämlich 39.

Codes für die Arbeit der Zellen

Doch zurück zur DNA und ihrer Hauptaufgabe: Das Molekül ist natürlich nicht grundlos in all den vielen Zellkernen enthalten. Es steht den Zellen dort zum Ablesen seiner Basensequenz zur Verfügung. Es liefert die Codes für die alltägliche Arbeit der Zellen.

Wenn Ihr Hund gefordert ist, wenn er schläft, wenn er frisst, wenn er Stress empfindet oder etwas Neues lernt – immer werden einige, durch die jeweilige Tätigkeit besonders dringend benötigte Zellen als Reaktion auf die Herausforderung damit beginnen, ein paar ihrer Gene abzulesen und nach deren Anleitung neue Proteine zu bauen.

Es klingt etwas esoterisch, aber es ist der hochwissenschaftliche Kern unser aller Existenz: **Dieser molekularbiologische Prozess der pausenlosen Interaktion des genetischen Erbes mit der aktuellen Umwelt ist im Grunde das Leben selbst.**

Kein Hund oder Mensch wäre lebensfähig, wenn die Zellen nicht unermüdlich und ohne Pause entscheiden würden, welche ihrer Gene sie gerade ablesen und welche nicht. Das ist die Hauptaufgabe der Gene! Sie lassen uns im Zusammenspiel mit der Umwelt leben – sie arbeiten nur, wenn sie durch Reize aus der eigenen Zelle, aus der biologischen Umgebung oder aus der Umwelt herausgefordert werden.

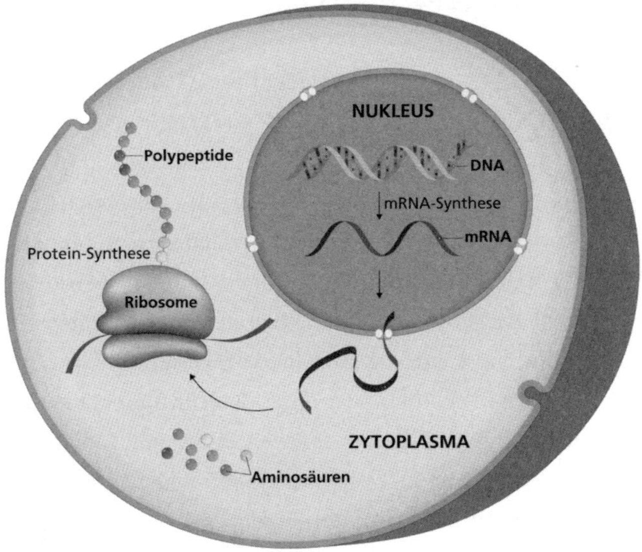

Bei der Proteinbiosynthese übertragen Enzyme den DNA-Code eines Gens in eine Boten-RNA (mRNA). Diese verlässt den Zellkern und bindet an ein Ribosom genanntes Protein. Dort wird nach ihrer Anleitung das neue Protein (Polypeptid) zusammengesetzt.

Sofern es sich um Umweltreize handelt, geht es übrigens nicht nur um unkontrollierbare Fremdeinwirkungen. Viele Handlungen entstehen aus einem eigenen, mehr oder weniger bewussten Antrieb heraus. Wir Menschen entscheiden zum Beispiel in der Regel selbst, was wir essen, wie viel wir uns bewegen und welcher beruflichen Belastung wir uns aussetzen.

Beim Hund sind es aber in erster Linie die Haltenden, die solche Entscheidungen treffen. Sie haben damit eine riesige Verantwortung nicht nur für das Wohlbefinden ihrer Anvertrauten, sondern auch für deren Zukunft und die Zukunft ihrer Nachkommen. Denn das Erbgut unserer Zellen besitzt nicht nur die Gene, es bildet auch ein Gedächtnis für eben solche Umwelteinflüsse.

EPIGENETIK SCHENKT DEN ZELLEN EIN GEDÄCHTNIS

Der Code der DNA ist also der erste, der basale Code im Leben eines jeden höheren Organismus. Diesen Code zu entziffern ist inzwischen preisgünstig und schnell. Auch für Hunde wird es schon in wenigen Jahren Standard sein, ihr Genom frühzeitig auszubuchstabieren. Züchtende und Haltende von Hunden werden so eine Menge wichtiger Informationen über ihre Vierbeiner erhalten. Sie werden das Risiko für wichtige genetische Krankheiten besser und frühzeitiger abschätzen können. Wenn die Hunde nicht gerade eine gefährliche genetische Krankheit geerbt haben, dann determiniert der erste Code allerdings nur wenig. Er liefert eher einen Raum von Möglichkeiten. Was das Leben aus dem DNA-Code macht, welches seiner vielen Potenziale es entfaltet, ist kaum vorhersehbar.

Es gibt nämlich auch einen zweiten Code (Spork, 2009). Und der ist weder so leicht zu lesen noch so leicht auszurechnen wie der genetische Code. Es ist der epigenetische Code. Die Vorsilbe „epi" stammt aus dem Griechischen und heißt übersetzt so viel wie auf, über, neben oder zusätzlich zu. Und tatsächlich ist die Epigenetik eine Art Neben- oder Zusatzgenetik. Als Wissenschaft ist sie eine Tochterdisziplin der Genetik. Sie erforscht nicht die DNA und ihre Gene selbst, sondern Strukturen, die an oder neben den Genen sitzen, die Umgebung der Gene verändern können und somit zusätzlich zur Genetik arbeiten.

Die Epigenetik erweitert sozusagen den Baukasten der Genetik. Sie hilft der Zelle und damit auch dem gesamten mehrzelligen Organismus – egal ob Pflanze, Mensch oder Hund – dabei, das große Potenzial, das im jeweiligen Erbgut steckt, voll auszuschöpfen. Die Epigenetik entscheidet darüber, welche ihrer Gene eine Zelle zu einem bestimmten Zeitpunkt benutzen kann und welche nicht.

Man kann auch sagen, die Epigenetik programmiert die Zelle. Sie sagt ihr, in welchem Modus sie gerade arbeiten und für welche Aufgaben sie bereitstehen soll. Wären Zellen Computer, dann lieferte die Epigenetik die Software, und die DNA wäre verantwortlich für die Hardware. Ein Computer kann zahlreiche Aufgaben erledigen, was er aber konkret zu einem bestimmten Zeitpunkt macht, was er tatsächlich leisten kann, das liegt an der Software, die gerade auf ihm läuft.

Potenzial für die Zell-Identität

Am offensichtlichsten wird das angesichts der vielen verschiedenen Zelltypen, die Hunde oder Menschen besitzen. Da gibt es Nervenzellen, Hautzellen, Darmzellen, Blutzellen und viele mehr. Biolog*innen schätzen, dass Säugetiere etwa 300 verschiedene Zelltypen besitzen. Und damit nicht genug: Selbst innerhalb eines Gewebes oder Organs – beispielsweise innerhalb des Gehirns oder der Leber – unterscheiden sich die Zellen teils deutlich voneinander. Sie haben verschiedene Aufgaben. Sie haben eine unterschiedliche Vergangenheit.

Gleichzeitig enthalten alle diese Zellen praktisch das identische Genom. Sie stammen alle von derselben befruchteten Eizelle ab. Die Tatsache, dass sie eine derart verschiedene Identität besitzen und derart verschiedene Aufgaben übernehmen können, lässt sich nur mithilfe der Epigenetik erklären: **Diese sagt der Zelle, was sie mit ihrer DNA anstellen kann und was nicht.**

Das bedeutet aber auch, dass in der DNA das Potenzial für jede mögliche Zell-Identität angelegt ist. Erst dank der Epigenetik weiß die Zelle, was sie mit sich anfangen soll. Interessanterweise geht es dabei aber nicht nur darum, zu welchem Typ eine Zelle gehört. Die Epigenetik kann mehr. Sie reagiert auch auf Umwelteinflüsse, etwa auf Botenstoffe, die von anderen Stellen des Körpers stammen. Außerdem ist sie in der Lage, Zustände der Zelle regelrecht einzufrieren.

Muss eine Zelle immer wieder als Reaktion auf eine bestimmte Herausforderung in einem bestimmten Modus arbeiten – also einen bestimmten Satz an Genen ablesen – dann verändert sie ihre Epigenetik so, dass dieser Modus in Zukunft leichter erreicht werden kann. **Auf diesem Weg schenkt die Epigenetik der Zelle ein Gedächtnis!**

So verändert Sport die Muskelzelle, Stress die Nervenzelle oder eine kalorienreiche Ernährung die Fett- und Leberzelle. Die Epigenetik der Zelle spiegelt ein Stück weit wider, was sie bereits erlebt hat. Die Zelle reagiert dank ihrer Epigenetik also nicht nur auf die Gegenwart. Ihre Reaktion kann auch abhängig sein von früheren Erfahrungen oder Aufgaben. Je nach Vergangenheit können zwei Zellen auf die gleiche Herausforderung ganz unterschiedlich reagieren. Die Muskelzelle eines trainierten Hundes arbeitet wegen ihres Gedächtnisses anders als diejenige eines Hundes mit zu wenig Auslauf. Das funktioniert sogar dann, wenn beide Hunde genetisch identisch sind.

Zusammenfassung

Dank der nebengenetischen Strukturen, die die Genetik bleibend programmieren und abhängig von äußeren Einflüssen sein können, erinnern sich Zellen an ihre Vergangenheit. Die Epigenetik prägt, beeinflusst von der individuellen Vergangenheit eines Lebewesens, das Verhalten seiner Zellen in der Zukunft. Sie verändert niemals den Code der DNA, sie lässt die Gene unberührt, aber sie bestimmt, welche Gene in Proteine übersetzt werden können und welche nicht.

Fachleute sagen dazu, Hunde haben immer nur einen Genotyp. Sie sind an ihrer DNA eindeutig zu identifizieren. Aber aus diesem hochindividuellen Satz an Genvarianten kann im Zusammenspiel mit Umwelt und Natur, und sicher auch unter dem Einfluss des Zufalls, eine Vielzahl unterschiedlicher Phänotypen werden.

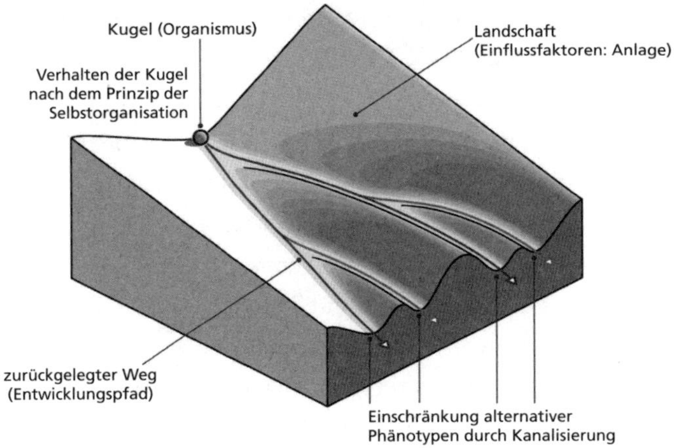

Der britische Entwicklungsgenetiker Conrad Waddington entwarf in den 1940er Jahren die epigenetische Landschaft. Sie veranschaulicht den Einfluss von Genen und Umwelt bei der Entwicklung eines Lebewesens. Die Täler stellen epigenetische Programme (Phänotypen) dar, durch die der älter werdende Organismus wie eine Murmel herabrollt. Die Form der Landschaft wird von den Genvarianten vorgegeben (Genotyp).

Ein solcher Phänotyp wäre zum Beispiel ein Hund mit einem einnehmenden, positiven, ausgeglichenen und rassetypischen Wesen. Ein anderer Phänotyp, der nur aufgrund anderer Erfahrungen aus dem gleichen Genotyp heraus entstehen könnte, wäre ein aggressiver, leicht erregbarer und schwer kontrollierbarer Hund, der so gar nicht den Erwartungen der Züchtenden entspricht.

Reaktion auf zukünftige Herausforderungen

Per Definition beschäftigt sich die Wissenschaft der Epigenetik mit erworbenen Umweltanpassungen, die nicht im DNA-Code gespeichert sind. Gespeichert werden diese Anpassungen im epigenetischen Code. Sie helfen der Zelle, besser auf zukünftige Herausforderungen zu reagieren, etwa indem bestimmte Gene besonders leicht, andere aber eher schwer oder gar nicht abgelesen werden können.

Damit ist die Epigenetik maßgeblich an der Ausprägung aller komplexen Merkmale von Mensch und Hund beteiligt. Das Wesen, die Gesundheit, die Intelligenz, die Trainierbarkeit, die elterliche Behutsamkeit, die Ausgeglichenheit, die Bindungsfähigkeit und sehr vieles mehr: All das sind Eigenschaften eines Hundes, die niemals durch seine Gene alleine bestimmt werden. Sie sind das Produkt dessen, was die Umwelt im Laufe des Lebens eines Tieres aus dem Potenzial in seinen Genen mit Hilfe der Epigenetik herausholt. Sie sind Phänotyp, nicht Genotyp.

Und, um es noch ein wenig komplizierter zu machen: Sie sind auch beeinflusst von den Lebenserfahrungen der Vorfahren, von den epigenetischen Anpassungen, die die Eltern der Hunde und die Hunde als Welpen sowie im Mutterleib selbst als Reaktion auf ihre Umwelt im Gedächtnis der Zellen abgespeichert haben.

Es wird also höchste Zeit, die Epigenetik näher kennenzulernen. Was sind das für Strukturen, denen es gelingt, das Genom derart vielfältig zu programmieren?

SCHALTER UND DIMMER AN DEN GENEN

Methylierung der DNA

Eingangs des Kapitels schilderte ich bereits den recht einfachen Bau der DNA: Man nehme einen beliebig langen Strang aus einer beliebigen Abfolge der vier möglichen Nukleinbasen C, G, T und A. Dieser Strang koppelt sich an einen parallel verlaufenden zweiten Strang, wobei immer ein C einem G und ein T einem A die Hand reicht. Jetzt verdrehen sich beide Stränge entlang der Längsachse umeinander, fertig ist die magische Doppelhelix.

Doch wer genauer hinschaut, wird entdecken, dass es in Wahrheit zwei Arten von Cs gibt. Mal ist an das Cytosin (für diese Base steht das C) eine Methylgruppe angelagert – also eine winzige chemische Substanz, die aus einem Kohlenstoff und drei Wasserstoffatomen besteht (CH_3). Mal fehlt diese sogenannte Methylierung, die dem Lesezeichen in einem Buch vergleichbar ist und wie ein Fähnchen an der DNA hängt.

Interessanterweise werden solche Fähnchen vor allem dort gesetzt, wo Cytosin und Guanin – also C und G – sich abwechseln. Solche Regionen werden CpG-Inseln genannt. Weil C und G sich in der DNA immer die Hand reichen, existieren CpG-Inseln also zwangsläufig auf beiden Seiten des Doppelstrangs. Der eine Code heißt dann zum Beispiel CGCGCG, der andere GCGCGC.

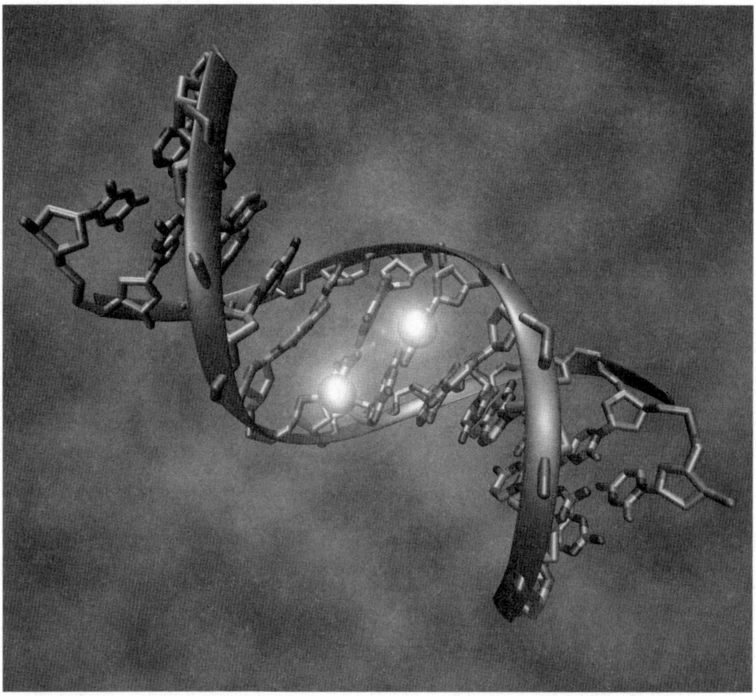

Ein methyliertes Stück der DNA im Modell. Die Methylierung (leuchtende Punkte) macht die Erbsubstanz an dieser Stelle in der Regel unlesbar.

Und jetzt wird es wirklich spannend: In der Regel sind in solchen Inseln die Cs auf beiden Strängen der DNA entweder methyliert oder nicht methyliert. Teilt sich eine Zelle und verdoppelt ihre DNA, wird also nicht nur der erste Code der DNA spiegelbildlich neu erzeugt, sondern auch das Methylgruppen-Fähnchen. Das heißt, die Zelle vererbt an ihre Töchter neben dem genetischen Code zusätzlich die Information, ob ein Cytosin eine Methylgruppe trägt oder nicht. **Der Text wird mitsamt Lesezeichen kopiert. Die Zelle gibt ihr epigenetisches Gedächtnis an alle Zellen weiter, die von ihr abstammen.**

Sie haben richtig gelesen: Eine derart simple Methylgruppe ist das Werkzeug, mit dem die Zelle ihren ersten Code programmiert. Mit bestimmten Enzymen kann die Zelle nämlich ganz gezielt Methylgruppen an ihre DNA anbauen. Und mit anderen Enzymen kann sie diese Gruppen später wieder wegnehmen. Doch bis dahin bleibt das Fähnchen an der DNA und liefert eine Information, die so lange bestehen bleibt, bis sie eventuell durch neue Umwelteinflüsse überschrieben wird.

Auch die Art der Information ist relativ simpel: Eine methylierte CpG-Insel bedeutet, dass der darum herumliegende Abschnitt der DNA nicht mehr oder nur sehr schlecht benutzt werden kann. Meistens sind davon jene Stellen betroffen, die kontrollieren, ob ein Gen abgelesen wird oder nicht (sogenannte Promotoren).

Das Muster der DNA-Methylierungen ist also eine Art zusätzlicher Code auf dem DNA-Code, der sagt, welches Gen die Zelle benutzen kann und welches nicht.

Der Histon-Code

Doch die Zellen haben nicht nur solche Schalter, sie besitzen sogar Dimmer. Der zwei Meter lange Faden der DNA schwimmt nicht einfach so im Zellkern herum, sondern wickelt sich in regelmäßigen

Abständen immer exakt zweieinhalb Mal um kleine Proteinkügelchen. Diese Kügelchen bestehen aus acht Teilen, die wiederum Histone genannt werden. Und exakt diese Histone kann die Zelle auf erstaunlich vielfältige Art verändern: Sie kann sie acetylieren, phosphorylieren, suboimisieren, methylieren und manches mehr. Sie kann das an mehreren Stellen machen, und dann häufig auch noch ein-, zwei- oder dreifach.

Heraus kommt ein enorm fein justierbares, kompliziertes System, mit dem die Zelle sozusagen Notizen an der DNA anbringen kann. Forschende sprechen gerne von einem regelrechten Histon-Code.

Der signalisiert der Zelle je nach Lage und Art der Histonmodifikation Hinweise wie: *„Hier solltest du ganz oft und möglichst ausdauernd ein Gen ablesen, hier besser nur sehr selten und an dieser Stelle gar nicht."* Oder: *„Dieser DNA-Abschnitt ist sehr wichtig, bitte wende hier viel Energie dafür auf, dass bei der ständigen Arbeit mit und an der DNA möglichst wenige Fehler passieren und möglichst gar keine bleibenden Mutationen entstehen."*

In gewisser Weise sind die Histone die Bibliothekar*innen, die die Bibliothek des Lebens Ihres Hundes, bestehend aus 2,4 Milliarden auf 39 Chromosomen verteilte DNA-Basen, sortieren, abstauben, verwalten und für die lesenden Enzyme benutzbar machen. Wird ein „Buch" plötzlich sehr viel gelesen, dann stellen die Histone es im übertragenen Sinn ganz weit nach vorne ins Regal oder machen ein dickes Fähnchen daran, damit sie es leichter wiederfinden.

Andere „Bücher" (Gene) werden nur zu bestimmten Jahres- oder Tageszeiten hervorgeholt, weil sie auch nur dann gelesen werden sollen. Wieder andere werden dauerhaft ganz nach hinten sortiert oder regelrecht versteckt.

Die Methode, mit der die Histone die Ablesbarkeit der Gene herauf- oder herunterdimmen, ist elegant: Je nach Histonmodifikation ziehen sich die Proteinkügelchen mehr oder weniger stark an

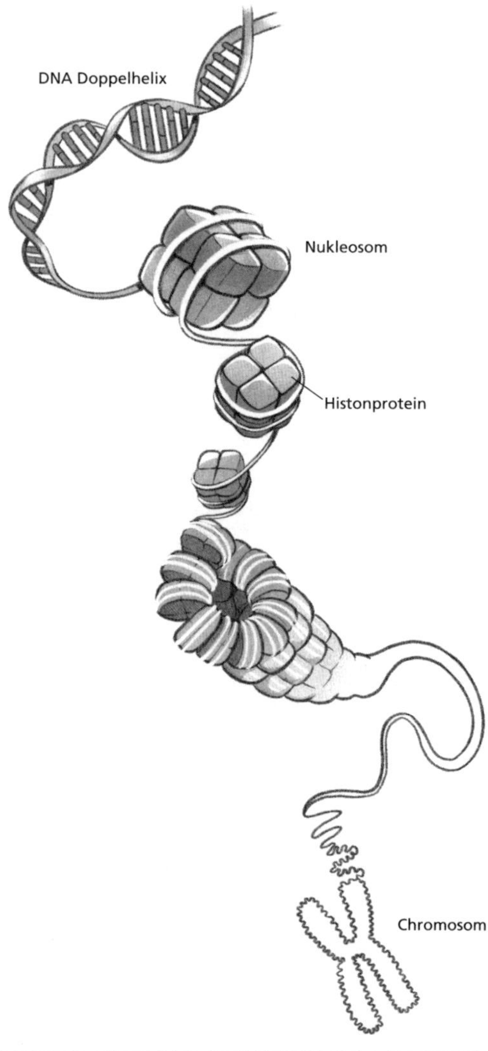

Der Faden der DNA wickelt sich um Nukleosomen. Diese bestehen aus mehreren Histonproteinen. Je nachdem, wie die Histone modifiziert sind, stoßen sie sich ab oder ziehen sich an. Dadurch ist das als Chromatin bezeichnete Gemisch aus DNA und Proteinen mal sehr fest, mal sehr locker zusammengefügt.

oder stoßen sich sogar ab. Methylgruppen ziehen sich eher an, Acetylgruppen stoßen sich eher ab.

- Sind die Histone also stark methyliert, lagern sich die Kugeln aneinander an, und die DNA ist dicht verpackt. Enzyme, die den Code ablesen und mRNAs bilden wollen, haben kaum eine Chance.
- Stoßen sich die Kügelchen hingegen ab, ist die DNA sehr offen, und ihre Gene können problemlos abgelesen werden. Der Dimmer ist voll aufgedreht.

Damit haben Sie die wichtigsten und bekanntesten Elemente des epigenetischen Codes bereits kennengelernt. Zusätzlich spielt es noch eine Rolle, wie die DNA im Zellkern gefaltet ist. Befinden sich Gene zum Beispiel mehr am Rand des Zellkerns, sind sie schwerer aktivierbar als in der Mitte.

Und es gibt Stellen auf der DNA, die die Aktivität benachbarter Gene herauf- oder herunterregeln können. Das gelingt sogar dann, wenn das Gen an einer völlig anderen Stelle der DNA ist und sich nur wegen der räumlichen Faltung des ultralangen fadenförmigen Moleküls in der räumlichen Nähe befindet.

Ein weiteres wichtiges epigenetisches Regelsystem sind sogenannte nicht kodierende RNAs. Sie entstehen genauso wie mRNAs, indem ein Teil der DNA abgelesen wird. Aber sie tragen keinen Code für ein Protein, sondern werden dafür benutzt, die Übersetzung des Codes anderer Gene gezielt herauf- oder herunterzuregeln. Für ihre Entdeckung gab es im Jahr 2024 sogar den Medizin-Nobelpreis.

Manche dieser RNAs docken zum Beispiel an bestimmte, zu ihnen passende mRNAs an und verhindern so, dass deren Code in Proteine übersetzt wird. Andere helfen den Enzymen, die den epigenetischen Code schreiben oder lesen, bei der Arbeit, indem sie Hinweise geben, wo an der DNA gerade etwas verändert werden soll.

Es ist also die wahre Aufgabe der Gene, die Codes für all die Moleküle zur Verfügung zu stellen, die die Zellen Ihrer Hunde unter bestimmten Bedingungen gerade benötigen. Und es ist die Aufgabe des zweiten, des epigenetischen Codes, darüber zu entscheiden, welche ihrer Gene eine Zelle zu einem bestimmten Zeitpunkt und abhängig von ihrer Identität und Vergangenheit tatsächlich benutzen kann und welche nicht.

Das macht offensichtlich, dass Ihr Hund, so wie er vor Ihnen steht und mit dem Schwanz wedelt, unendlich viel mehr ist, als das Resultat seines genetischen Codes. Er ist das, was seine Umwelt und seine Vergangenheit – und damit maßgeblich auch Sie als Frauchen oder Herrchen zum Beispiel – phänotypisch aus diesem Code gemacht haben.

Ihr Hund entsteht aus dem Zusammenspiel seiner Gene mit seiner Umwelt und den Prägungen aus der Vergangenheit – inklusive epigenetischer Umweltanpassungen, die bereits seine Vorfahren umgesetzt haben. Das ist bei Ihnen als Mensch übrigens kein bisschen anders (Spork, 2017).

Ihr Hund ist komplex. Und das ist gut so. Denn es gibt Ihnen die Chance, das Beste aus dem Tier herauszuholen. Was das Beste ist, müssen Sie allerdings selbst entscheiden oder vielleicht auch erst noch herausfinden. Dieses Buch hilft Ihnen nur dabei, die biologischen Mechanismen zu verstehen, die Sie derart stark ermächtigen.

Es ist letztlich an Ihnen, diese fantastischen Mechanismen der Natur optimal anzusteuern und im Interesse Ihrer Hunde zu benutzen.

KAPITEL 2

HUNDERASSEN HABEN EINE KULTUR

Warum Wesen und Gesundheit sich anders vererben als Wuchs und Fellfarbe!

Nach dem Zeitalter der Genetik begann das Zeitalter der Epigenetik. Längst ist klar: Komplexe Merkmale wie Intelligenz, Gesundheit, Lebenserwartung, Resilienz und psychische Ausgeglichenheit werden nicht nach den Mendelschen Regeln vererbt. Sie sind nicht in einem oder einigen wenigen Genen gespeichert. In der modernen Hundezucht ist diese Erkenntnis aber noch nicht wirklich angekommen.

Dieses Kapitel erklärt, wie es sein kann, dass moderne Hunderassen rassetypische Wesensmerkmale besitzen, dass diese aber kaum das genetisch fixierte Resultat der modernen Hundezucht sind. Bei komplexen Merkmalen mischen viele andere Einflüsse mit. Zu Unrecht wird ihre Wirkung aber oft der Genetik zugeschrieben.

DAS HUMANGENOMPROJEKT

Warum der Hund nicht mehr Gene benötigt als ein Wurm und sogar mit weniger Genen auskommt als ein Wasserfloh!

Im Jahr 2000 feierte das gigantische Humangenomprojekt seinen Durchbruch. Wenn Sie etwas älter sind, erinnern Sie sich vielleicht sogar an eine weltweit live übertragene Pressekonferenz direkt aus dem Weißen Haus in Washington D.C. Der damalige US-Präsident Bill Clinton verkündete gemeinsam mit den bekannten Genomforschern Craig Venter und Francis Collins, dass es gelungen war, das erste menschliche Genom in weiten Teilen zu entziffern.

Bill Clinton sagte damals: *„Heute lernen wir die Sprache, in der Gott das Leben schuf."* Es ist ein Zitat, das mittlerweile in eine Reihe gestellt wird mit dem berühmten Satz des Astronauten Neil Armstrong, der im Jahr 1969 als erster Mensch den Mond betrat: *„Das ist ein kleiner Schritt für einen Menschen, aber ein riesiger Sprung für die Menschheit."*

Der Vergleich ist berechtigt. Damals nannten viele das Humangenomprojekt nicht ohne Grund die „Mondlandung der Biologie". Es hatte rund zehn Jahre und zehn Milliarden US-Dollar gekostet sowie die aufopferungsvolle Arbeit zahlreicher Top-Forschender, das menschliche Genom erstmals zu lesen. Heute gelingt das an einem Tag und kostet nur noch annähernd hundert Dollar. Das unterstreicht, welche bahnbrechende technische Entwicklung damals begann.

Das Humangenomprojekt hat unseren Blick auf das Leben gigantisch erweitert. Aber das Leben selbst erklären? Das konnte es niemals leisten. Die Existenz eines Hundes zum Beispiel ist alleine aus seinen Genen heraus nicht zu verstehen. Den Aufbau eines Computerspiels werden Sie auch nie begreifen, wenn Sie nur den Computer kennen und nicht die Software.

Der Genetiker Craig Venter hat das schnell erkannt. Schon bald nach dem erfolgreichen Abschluss des Humangenomprojekts im Jahre 2003 gab er zu Protokoll: „*Im Rückblick waren wir so naiv, dass es fast schon peinlich ist.*"

Was war passiert? Am besten erklären lässt sich das mit einem Bild, das das große Fachblatt *Nature* viele Jahre später benutzte, als ein anderes, ENCODE genanntes Projekt seine Resultate vorstellte (The ENCODE Project Consortium, 2012). ENCODE hat nicht die Gene selbst erforscht, sondern molekularbiologische Strukturen, die dabei helfen, die Gene zu regulieren.

Damals schrieb *Nature*, das Humangenomprojekt habe von zwei am Rücken gefesselten Händen die erste befreit. Aber erst die Erforschung der Genregulation befreie nun die zweite Hand (Eckert et al., 2012). Um das Leben zu verstehen, benötige man beides: Den Text der DNA und das Wissen darüber, wie es den Zellen gelingt, diesen Text ausschnittsweise und gezielt zu lesen und so vor dem Hintergrund der Einflüsse aus der Umwelt zu interpretieren.

Wie viele Gene besitzt ein Mensch bzw. Hund?

Eine andere Anekdote unterstreicht, worauf ich hinaus möchte: Als das Humangenomprojekt am Höhepunkt war, wusste man bereits, wie viele Gene Fliegen oder Würmer haben, denn deren Genome waren leichter zu lesen gewesen. 17 000 bzw. 20 000 Gene hatte man gezählt. Und weil Menschen ungleich komplexer sind als Würmer oder Fliegen, ging man davon aus, dass sie dafür auch mehr Gene benötigten. Manche wetteten, der Mensch habe etwa 100 000 Gene.

Inzwischen wissen wir, wie falsch das war: Denn auch Hunde oder Menschen haben nur rund 23 000 Gene. Den Rekord im Tierreich hält der Wasserfloh, der es auf erstaunliche 31 000 Gene bringt. Damit ist er eine Art Weltmeister in einer Disziplin, die Fachleute phänotypische Plastizität nennen: Er kann sich verändern (Spork, 2023)!

Gibt es viele Mückenlarven im Wasser, die die Kleinkrebse fressen wollen, bekommt die nächste Generation von Wasserflöhen Helme und Dornen, mit denen sie sich größer machen, damit sie nicht mehr gefressen werden können. Sinkt der Sauerstoffgehalt im Wasser, ändert sich das Blut der Krebse, damit es mehr Sauerstoff aufnehmen kann.

Phänotypische Plastizität

Doch nicht nur Wasserflöhe, auch Hunde beherrschen die phänotypische Plastizität. Wird ein Hund als Welpe vernachlässigt, misshandelt, traumatisiert, dann reagiert er später im Leben sehr viel leichter mit Angst, Panik und übertriebener Aggression auf Konflikte als ein Hund, der solche negativen Erfahrungen in seiner Kindheit nicht gemacht hat. Ihm wachsen zwar keine Dornen am Kopf, aber er kann beißen. Und wie bereitwillig er das macht, hat auch etwas damit zu tun, welche Gene in einigen seiner Zellen besonders leicht abgelesen werden können und welche nicht.

Offenbar sind für die Komplexität eines Organismus, für die Vielzahl an Möglichkeiten, die seine miteinander vernetzten Zellen, Organe und Gewebe aus dem Code ihrer Gene herauslesen können, weniger die Gene selbst verantwortlich als vielmehr die Art, wie die Zellen ihren Satz an Genen programmieren.

Je variabler die Möglichkeiten der Genregulation, desto wichtiger wird das Phänomen der Prägung. Erfahrungen, Lebensstil und andere Umwelteinflüsse verändern so dauerhaft das Verhalten und die Gesundheit eines Lebewesens. Umgekehrt heißt das aber auch, dass wir das Wesen eines Hundes niemals mit bloßer Genetik verstehen werden. Wir müssen betrachten, wie das billionenfach in den Zellen des Hundes enthaltene Erbgut reguliert wird.

Und wir sollten wohl auch schauen, wie die Gene seiner Eltern und Großeltern epigenetisch geprägt wurden. Die Nachkommen von behelmten oder dornenbewehrten Wasserflöhen bekommen nämlich ebenfalls von Geburt an Dornen oder Helme – aber nur, solange auch Mückenlarven im Wasser sind. Sind diese verschwunden, wächst die nächste Wasserflohgeneration wieder ohne Dornen oder Helme auf. Alles andere wäre – biologisch betrachtet – Energieverschwendung.

Klar, dass Hunde kaum mit Wasserflöhen zu vergleichen sind. Aber auch in Experimenten mit Mäusen oder Ratten finden sich Hinweise, dass epigenetische Prägungen an folgende Generationen weitergegeben werden. Bissige Hunde haben deshalb vielleicht besonders häufig aggressive Nachkommen – und das muss nichts mit dem genetischen Code der DNA zu tun haben, den man durch gezielte Hundezucht beeinflussen möchte.

Wenn Sie sich fragen, ob Sie das Schicksal Ihres Hundes trotz Genetik in der Hand haben, steckt in dieser Information eine sehr gute Nachricht. Denn gerade weil das Verhalten eines Säugetiers in der Regel nicht streng genetisch fixiert und schon gar nicht genetisch vererbt wird, haben Haltende von Hunden eine realistische Chance, unerwünschte Verhaltensweisen mit speziellem Training oder einer Änderung von Haltungs- und Zuchtmethoden nachhaltig zu verändern. Schalter und Dimmer an den Genen werden dabei umgestellt. Und das gelingt besonders gut im Welpenalter.

Genregulationsforschung

Das Zeitalter der Genetik ging spätestens im Jahr 2003 zu Ende. Mittlerweile leben wir im Zeitalter der Genregulationsforschung. Und die lehrt uns, dass wir gar nicht so viele Gene benötigen, um die wunderbar vielfältige Welt der Persönlichkeiten und Entwicklungsmöglichkeiten von Hunden molekularbiologisch zu verstehen. Es genügen vergleichsweise wenige Gene, die sich gegenseitig beeinflussen und in ihrer Aktivierbarkeit durch Einflüsse aus der Umwelt und Erfahrungen mit ebendieser Umwelt über die Zeit hinweg geprägt worden sind. Heraus kommt dann im besten Fall ein liebenswerter Gefährte, der nicht nur treu schauen, wichtige Aufgaben zuverlässig erfüllen und Menschen außerordentlich gut verstehen kann.

Rein wissenschaftlich und nüchtern betrachtet, lässt es sich auch so formulieren: **Ihr Hund ist ein hochkomplexes, lebendiges Netzwerk, das im Laufe seines Lebens und des Lebens seiner Vorfahren entstanden ist als Produkt systemischer organismischer Beziehungen zwischen Erbe und Umwelt.**

Dieser Satz zeigt die Größe der Aufgabe, wenn wir uns und unsere Hunde wirklich verstehen wollen. Es wird nämlich noch Jahrzehnte dauern, bis wir solch gigantische Netzwerke auch nur annähernd weit genug durchdrungen haben, um sie gezielt beeinflussen zu können.

Immerhin: Gute züchtende, haltende und trainierende Menschen, die empathisch und zugewandt mit ihren Vierbeinern umgehen, benötigen ein solches Wissen vielleicht gar nicht. Sie sollten sich nur immer wieder hinterfragen, sie sollten permanent überprüfen, ob ihr Handeln den Tieren guttut.

Solche Kynolog*innen haben längst verstanden, dass es nicht genügt, sich auf die bloße genetische Zuchtauswahl zu beschränken, wenn sie wesensfeste Hunde mit starker Persönlichkeit haben wollen.

DAS ZEITALTER DER EPIGENETIK

Was sind komplexe Merkmale und wie werden sie vererbt?

Jeder Mensch und jeder Hund besitzen immer nur ein einziges Genom. Das heißt, sie haben einen für sie spezifischen Satz von Genen. Aber sie haben Tausende, vermutlich sogar Millionen oder gar Milliarden verschiedener Epigenome. Denn jede ihrer Zellen kann theoretisch im Laufe der Entwicklung eines individuellen Hundes oder Menschen andere epigenetische Markierungen gesetzt haben. Jede Zelle kann ihr eigenes individuelles epigenetisches Muster aus den biochemischen Schaltern und Dimmern bilden.

Ein solches Epigenom – also die Gesamtheit der epigenetischen Strukturen in einer Zelle – bestimmt letztlich die Eigenschaften und Fähigkeiten dieser Zelle. Und die unfassbare Menge an potenziell verschiedenen Epigenomen erklärt erst die fantastische Vielfalt, die zwischen Hunden oder auch Menschen sowie ihren Billionen Zellen existiert.

Im Jahr 2010 widmete das berühmte US-amerikanische *Time Magazine* nicht zuletzt wegen dieser Erkenntnisse der Epigenetik eine Titelgeschichte. Sie lautete: „Why your DNA isn't your destiny" – warum Ihre DNA nicht Ihr Schicksal ist. Auch hier lautete die Kernaussage: Der Einfluss des einfachen genetischen Codes wird maßlos überschätzt. Jeder Mensch besitze nun mal nur ein einziges Genom. In jeder seiner Zellen befinde sich der nahezu identische DNA-Code. Die wahrhaft große Leistung der Biologie sei es deshalb, aus dem einen genetischen Code mithilfe der Epigenetik möglichst viele verschiedene Erscheinungsformen herauszuholen. Das Fazit des *Time Magazines* findet sich auf den Punkt gebracht im letzten Satz der Titelgeschichte: „Das Zeitalter der Epigenetik hat begonnen."

Entzifferung von Epigenomen

Es ist eine zentrale Aufgabe der Wissenschaft in diesem Zeitalter, nicht nur die Genome, sondern auch die Epigenome von Zellen detailliert entziffern zu können. Und auch an dieser Stelle macht die Biotechnik Fortschritte. Schon seit Längerem können Forschende neben dem DNA-Code einer Zelle auch den epigenetischen Code lesen. Sie erfassen zum Beispiel, ob eine Cytosin-Base in der DNA methyliert ist oder nicht. Und dank des Einsatzes bestimmter extra dafür hergestellter Antikörper lässt sich längst auch der Histon-Code von Zellen bestimmen.

Eine Vermessung der Epigenetik ist inzwischen also möglich. Sie macht sichtbar, wie und wo eine Veränderung des Lebensstils oder der Umwelt sich direkt auf die Molekularbiologie und damit auch auf die Persönlichkeit oder die Gesundheit von Mensch und Hund auswirken. Noch sind diese Verfahren recht teuer, weshalb entsprechende Studien eher klein sind und an Hunden noch sehr wenig geforscht wird. Aber das dürfte sich bald ändern.

Der deutschstämmige Pionier der Genregulationsforschung, Rudolf Jaenisch vom Whitehead Institute in Boston, USA, sagte mir schon vor langer Zeit in einem Interview: *„Das Epigenom ist die Sprache, in der das Genom mit der Umwelt kommuniziert.“* Und es sind exakt diese Kommunikationsprozesse, die Forschende seit gut zehn Jahren direkt belauschen – mit immer größerer Genauigkeit und mit zunehmend faszinierenden Ergebnissen.

Im Zeitalter der Epigenetik „hören“ wir dem Leben tatsächlich dabei zu, wie es sich als Reaktion auf seine Umwelt verändert und an diese anpasst. Das wäre noch vor 20 Jahren undenkbar gewesen.

Netzwerk Tausender Gene

Ein beeindruckendes Beispiel für diese neue Art der Forschung publizierte die Schwedin Maléne Lindholm vom Stockholmer Karolinska Institut mit Kolleg*innen schon im Jahr 2014 (Eckholm, 2014): Die 23 untrainierte junge Testpersonen mussten drei Monate lang die Beinmuskulatur stärken. Sie radelten viermal pro Woche für 45 Minuten auf einem speziellen Ergometer – allerdings nur mit einem Bein. Das andere Bein blieb ungeübt. In dieser Zeit entnahmen die Forschenden Gewebeproben und analysierten die epigenetischen Schalter der Muskelzellen.

Das Training blieb natürlich nicht ohne Effekt: Die Muskulatur veränderte sich rein äußerlich, und auch der Zellstoffwechsel stellte sich um. Verantwortlich dafür war wohl eine epigenetische Umprogrammierung der neuerdings so intensiv benutzten Zellen. An knapp 5 000 Stellen ergab der Vergleich zwischen vorher und nachher jedenfalls systematische epigenetische Abweichungen: Das Muster der DNA-Methylierung war tiefgreifend verändert, wobei etwas mehr als 800 Veränderungen besonders herausstachen. Mal war das Erbgutmolekül mehr, mal weniger stark methyliert.

Besonders häufig betraf die Veränderung sogenannte Enhancer, also Stellen, die die Aktivität von benachbarten Genen verstärken können. Zwangsläufig wandelte sich deshalb auch die Zahl und Art der Gene, die von den Zellen abgelesen wurden. Exakt 4 076 Gene waren davon betroffen. Die Zelle benutzte die von diesen Genen kodierten Proteine als Folge des Trainings nun teils etwas mehr, teils etwas weniger als zuvor.

Selbstverständlich waren darunter auch Gene, die wichtig für die Leistungsfähigkeit und Belastbarkeit der Muskelzelle sind. Was die Studie allerdings besonders elegant und aussagekräftig macht, ist die Art der Ergebnis-Kontrolle. All die epigenetischen Effekte zeigten sich nämlich nur in den trainierten Beinen. Die Epigenome der untrainierten Beine blieben praktisch unverändert.

Als Nächstes machten Lindholm und Kolleg*innen eine systembiologische Analyse ihrer Daten (Spork, 2021a). Das heißt, sie versuchten mit Hilfe von ganz viel Mathematik und dem Einsatz von Hochleistungscomputern herauszufinden, welche verborgenen Beziehungen zwischen all den gemessenen Veränderungen und der trainierten Muskelzelle bestanden.

Die Forschenden wollten den verborgenen Sinn des unübersichtlichen und hochkomplexen Datenwusts ihrer Messungen entdecken. Sie wollten wissen, wie die epigenetische Umprogrammierung der

Zellen das biologische System des Muskels der Testpersonen im Detail veränderte.

Also fütterten die Schwed*innen ihre Computer mit allen Informationen, die sie zu den jeweiligen Genen finden konnten. Wofür sind sie gut? Mit welchen anderen Genen hängen sie zusammen? Werden sie infolge des Trainings stärker oder weniger stark abgelesen? Und so weiter.

Schließlich ergaben sich komplizierte Netzwerke von Hunderten bis Tausenden Genen, die sich entweder gegenseitig in ihrer Wirkung verstärkten oder behinderten. Und diese Netzwerke hatten sich in der Studie infolge des Trainings in ihrer Gesamtheit verändert, weil einzelne ihrer vernetzten Gene dank epigenetischer Umbauten leichter oder schwerer abzulesen waren als zuvor. Das hatte wiederum zur Folge, dass sich die Eigenschaften des Muskels wandelten.

Hinter der scheinbar völlig chaotischen Antwort, mit dem sich das Training auf die 4 076 Gene auswirkte, verbarg sich also ein sinnvolles System. Die Muskelzellen konnten auf einmal besser mit Energie umgehen, sie konnten mehr Energie speichern, sie waren insgesamt belastbarer. Mit anderen Worten: Sie waren umfassend trainiert.

Das Neue an dieser Erkenntnis: Es sind nicht einzelne oder einige wenige Gene, die durch Fahrrad-Training mehr oder weniger häufig abgelesen werden und damit direkt für eine sportliche Verbesserung sorgen. Es gibt keine speziellen „Radsportgene". Es sind Tausende Gene zugleich, die eine Art systemisches „Radsport-Netzwerk" bilden und in ihrer Gesamtheit verändert werden. Letztlich verändert das Training das gesamte Programm der Zelle.

Die wichtigen komplexen Eigenschaften einer Zelle stecken also in ihren epigenetisch kontrollierten Genregulationsnetzwerken, nicht in einzelnen Genen. Und die Umwelt verändert die Balance in diesen Netzwerken. Jedes einzelne Gen eines jeden Netzwerks ist zwar beteiligt, spielt aber nur eine winzige Rolle.

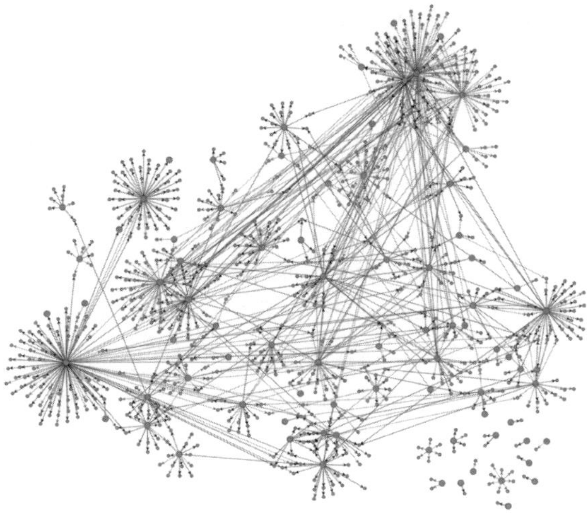

Beispiel eines Genregulationsnetzwerks. Große Kreise sind Gene für Proteine, die andere Gene an- oder ausschalten können (Transkriptionsfaktoren). Sie beeinflussen sich teils gegenseitig (Ma et al., 2014).

Das heißt aber auch, dass der genaue Code der Gene vergleichsweise unwichtig ist. Die eine bestimmte Genvariante, die aus dem einen Menschen – und vielleicht auch seinen Kindern und Enkeln – einen geborenen Fahrradprofi macht, existiert nicht. Ein sportlicher, gut trainierter Muskel ist das Produkt des Zusammenspiels sehr vieler Gene mit aktuellem Training und prägenden Einflüssen aus der Vergangenheit.

Das gilt so ähnlich für alle komplexen Merkmale, also auch für die Persönlichkeit, Gesundheit, Resilienz, Lebenserwartung, psychische Ausgeglichenheit oder Trainierbarkeit eines Hundes. Wenn Hunde solche Eigenschaften an die nächste Generation vererben, dann geben sie vermutlich nicht nur die jeweiligen Varianten all der vielen beteiligten Gene weiter, sondern mehr oder weniger direkt auch Hinweise darauf, wie diese Gene in hochkomplexen systemischen Netzwerken reguliert werden sollen.

Niemand weiß derzeit genau, wie eine solche Vererbung von Genregulationsregeln gelingt. Aber für Sie als Hundezüchtende, -haltende oder -trainierende ist entscheidend, dass diese Vererbung überhaupt stattfindet und maßgeblich zur Prägung von Hunden beiträgt. Denn die Anweisungen zur Genregulation sind anders als der genetische Code überschreibbar. So, wie die Testpersonen in der schwedischen Studie die Muskeln eines ihrer Beine gezielt trainiert haben, so können auch Sie das Verhalten oder die Gesundheit Ihrer Hunde beeinflussen – zumindest dann, wenn es sich um komplexe Merkmale handelt, also zum Beispiel nicht um Erbkrankheiten oder die Fellfarbe.

Das heißt aber auch: Wenn ein Hund Probleme macht, geben Sie ihm und seinem Erbgut eine Chance. Arbeiten Sie mit dem Tier und seinen Nachkommen. Haben Sie Geduld! Bevor Sie beschließen, mit einem bestimmten Tier nicht mehr zu züchten, weil es womöglich unerwünschte Genvarianten weitergibt, probieren Sie aus, ob und wie Sie das Genregulationsnetzwerk positiv beeinflussen, das in seinen Zellen arbeitet. Es kann sogar sein, dass Sie den Erfolg erst in der nächsten Generation sehen werden. Nicht auszuschließen, dass sich der Einsatz lohnt.

WAS BRINGT HUNDEZUCHT WIRKLICH?

Rassetypisches Verhalten von Hunden ist kein Ausdruck rassetypischer Genvarianten

Elinor Karlsson kennt sich extrem gut mit Genetik und der Verarbeitung von Daten aus. Sie ist Professorin am Broad Institute, einem der weltweit angesehensten privat finanzierten Institute im Bereich der Biomedizin, das zur Harvard University und dem Massachusetts Institute of Technology in Cambridge, USA, gehört. Dort leitet sie die Abteilung für die systematische Analyse der Genome von Wirbeltieren (Wirbeltier-Genomik).

Die Wissenschaftlerin ist auch eine der bekanntesten Expertinnen für die Genetik von Hunden. In ihrem Projekt *Darwin's Ark* – Darwins Arche – sammelt sie alles an Daten, was sie auch nur irgendwie zu Hunden, ihrem Verhalten, ihren Krankheiten, Rassen, Genen und anderen Eigenschaften bekommen kann. Hundehaltende können sich auf den Internetseiten des Projekts (DarwinsArk.org) anmelden und Informationen zu ihren Hunden eingeben. Damit tragen sie direkt zur Forschung über Hunde bei.

Das Ziel von *Darwin's Ark* ist es, mehr über das Verhalten und die Gesundheit von Hunden herauszubekommen. Und es geht darum, wie beides mit der Genetik und der Umwelt der Hunde zusammenhängt. Deshalb stellen die Forschenden den Hundehaltenden nicht nur zahlreiche Fragen zu ihren Haustieren, sie bitten sie auch um Proben der Hunde-DNA.

Klar, dass im Gegenzug die Haltenden auch etwas über ihre Vierbeiner erfahren, zum Beispiel von welchen Rassen sie abstammen und ob sie ein erhöhtes Risiko für eine genetisch bedingte Krankheit haben.

Aber Karlsson und ihrem Team geht es vor allem darum, den komplexen Merkmalen auf den Grund zu gehen: Wie sehr trägt die Rasse eines Hundes zu seinem Verhalten bei? Lässt sich das Krebsrisiko eines Hundes besser vorhersagen? Wie erkennt man, ob sich ein Hund als Gebrauchshund eignet, also zum Beispiel zum Spür-, Jagd- oder Blindenhund taugt? Solche Fragen wollen Karlsson und Co mit ihren Analysen beantworten.

Bislang haben die Forschenden Daten von fast 45 000 Hunden gesammelt. Mehr als drei Millionen Antworten auf spezifische Fragen haben sie von Hundehaltenden erhalten und ausgewertet (Darwin's Ark, 2024). Endlich lassen sich Rätsel lösen wie: Ist das Verhalten moderner Rassehunde tatsächlich das Produkt der Rassehundezucht?

„Na klar!“, hätten noch vor ein paar Jahren fast alle Hundezüchtenden und Hundezuchtverbände geantwortet. Vermutlich werden auch heute noch sehr viele Kynolog*innen diese Frage nicht einmal verstehen. So offensichtlich scheint ihnen die Antwort. Doch diese Antwort ist sehr wahrscheinlich falsch.

Natürlich haben Hunde einer Rasse in der Regel ein Verhalten, das für diese Rasse typisch ist. Also scheint es auf der Hand zu liegen, dass den Tieren dieses Verhalten „angezüchtet“ wurde, dass es also ein Produkt ihrer rassetypischen Genetik ist. Doch eine solche rassetypische Verhaltensgenetik scheint es kaum zu geben. So lautet zumindest eines der wichtigsten Resultate, das Karlsson und ihr Team mit Hilfe der großen Darwin's Ark-Community gewonnen haben.

Wenn es also rassetypische Verhaltensweisen gibt, so werden diese innerhalb der Rasse größtenteils jenseits der Gene weitergegeben. Es müssen noch andere, nebengenetische Mechanismen der Übertragung existieren. Man könnte sich an dieser Stelle sogar fragen, ob das typische Wesen einer Hunderasse in Wahrheit das Produkt einer rassetypischen Art von Kultur ist, und nicht, wie bisher angenommen, fast schon zwangsläufig aus den Genvarianten resultiert, die für die Rasse typisch sind.

Genomweite Assoziationsstudie

Doch von Anfang an: Elinor Karlssons Gen-Analysen sind so wichtig, dass die Resultate im führenden Wissenschaftsmagazin *Science* publiziert wurden (Morill et al., 2022). Die Forschenden verglichen den Code der DNA von 2 155 Hunden mit etwa 200 000 Angaben zu deren Verhalten. Alleine dieser gigantische Aufwand wäre noch vor zehn Jahren undenkbar gewesen. Es ist also vor allem dem enormen technischen Fortschritt im Bereich der Molekularbiologie zu verdanken, dass solche Studien heutzutage gemacht werden können.

An der Studie waren 18 385 Hundehaltende beteiligt. Die Hunde waren etwa zur Hälfte reinrassig oder Mischlinge. 78 verschiedene Rassen wurden untersucht, vom Australischen Schäferhund über Collie und Cocker Spaniel bis zu Pudel und Golden Retriever.

Auch die DNA dieses Mischlingshundes namens Sandy wurde für die aktuelle Studie analysiert. Unter seinen Vorfahren waren australische Treibhunde, Collies und Schäferhunde.

Karlsson und Kolleg*innen nutzten die zahlreichen Daten für eine sogenannte genomweite Assoziationsstudie. Das heißt, sie berechneten mit ihren Computern, ob es systematische Beziehungen zwischen bestimmten Genvarianten und rassetypischen Verhaltensweisen gibt. Wäre das rassetypische Verhalten ein Produkt der rassetypischen Genetik, hätten die Forschenden in großem Umfang fündig werden müssen. Aber erstaunlicherweise fanden sie fast nichts.

Für die moderne Rassehundezucht, die erst seit etwa 200 Jahren existiert und für praktisch alle derzeit bekannten Rassen verantwortlich ist, muss das zentrale Resultat der Studie wie Hohn klingen: Nur neun Prozent der Unterschiede im typischen Wesen der einzelnen Hunderassen ist auf systematische Unterschiede in ihren Genen zurückzuführen. Das heißt umgekehrt, gut neun von zehn Wesensmerkmalen, die kennzeichnend für eine bestimmte Rasse sind, verdanken diese Tiere *nicht* dem Prinzip der Zuchtauswahl.

Zwar sind neun Prozent verglichen mit anderen verhaltensgenetischen Untersuchungen bei Säugetieren gar nicht so wenig. Aber gemessen an den Erwartungen und vor dem Hintergrund, dass die meisten Zuchtverbände ihre Hunde schon immer auch nach dem Verhalten ausgewählt haben, liegt der Wert weit unter dem, was vorher vermutet worden war: „Zucht beeinflusst das Verhalten kaum", schreiben die Forschenden lapidar.

Zwar fanden sich in der Untersuchung elf Gene, deren Varianten relativ eng mit dem Verhalten der Hunde assoziiert waren. Keines davon ließ sich aber einer bestimmten Rasse zuordnen. Diese Varianten kamen bei Hunden aus den verschiedensten Rassen ähnlich häufig vor. Sie gehen vermutlich auf Anpassungen zurück, die es den Haustieren insgesamt leichter machten, mit den Menschen zusammenzuleben und daher sehr viel älter sind als die moderne Hundezucht.

Gut möglich, dass diese Merkmale in den vergangenen 2 000 Jahren entstanden sind, als die Menschen ihren Vierbeinern nach und nach das Jagen, Bewachen und Hüten beibrachten. *„Die meisten Verhaltensweisen, die wir als Merkmale bestimmter moderner Hunderassen ansehen, sind höchstwahrscheinlich im Laufe der Jahrtausende währenden Evolution vom Wolf über den Wildhund zum Haushund und schließlich zu den modernen Hunderassen entstanden*", sagt Karlsson.

Das heißt aber auch: *„Die Entstehung dieser vererbbaren Merkmale liegt Tausende von Jahren vor unserem Konzept der modernen Hunderassen."*

Dass unsere Hunde also so viele fantastische Wesensmerkmale besitzen, dass sie uns Menschen so gut verstehen (Jakob, 2023) und sich so oft als Gebrauchshunde eignen, verdanken sie, wie immer schon vermutet, sehr wohl ihrer langen Vergangenheit gemeinsam mit dem Menschen. Aber – und das ist neu – sie verdanken es kaum ihrer Zugehörigkeit zu einer bestimmten Rasse. Diese Merkmale sind zwar genetisch fixiert, aber sie sind schlicht älter als die modernen Hunderassen.

Grundsätzlich sind der Studie zufolge die Verhaltensweisen der Hunde unabhängig von der Rasse zu gut einem Viertel auf ihre Genvarianten zurückzuführen. Wie gut sie mit Menschen interagieren können, wie sie mit Spielzeugen umgehen oder auf Kommandos reagieren, scheint dabei vergleichsweise streng erblich zu sein.

Für gängige Wesenstests von Rassehunden besonders wichtige Faktoren wie Ängstlichkeit, Selbstkontrolle oder Aggressionsbereitschaft sind der *Science*-Studie zufolge hingegen weitaus weniger von den Genen vorgegeben – und schon gar nicht von der Rasse. Am besten kann man das Verhalten eines unbekannten Hundes offenbar vorhersagen, wenn man sein Alter und sein Geschlecht kennt – völlig unabhängig von Rasse und Genetik.

Nur zum Vergleich: Viele körperliche Merkmale der Hunde lassen sich zu mehr als 85 Prozent auf die geerbten Genvarianten zurückführen. Das macht auch Sinn, denn diese Merkmale sind weniger vielschichtig als das Verhalten der Tiere. Und das heißt, an jedem von ihnen sind weniger Gene beteiligt, und jedes dieser Gene dürfte einen größeren Einfluss haben.

Leider gebe es noch zu wenige Studien, die systematisch den Zusammenhang zwischen der Genetik und dem Verhalten von Hunden untersuchen, kritisiert Elinor Karlsson. Deshalb *„gingen bisher alle einfach davon aus, dass die Rasse das Verhalten von Hunden vorhersagt."*
Aber: *„Diese Frage wurde nie besonders gut gestellt."*
Und heute wissen wir: Die Annahme war schlicht falsch.

DIE KULTUR MACHT DEN UNTERSCHIED

Warum Hunderassen eine eigene Kultur haben, was das für uns Menschen bedeutet, und warum es so wichtig ist

Nicht nur die Entstehung der Persönlichkeiten moderner Rassen, auch die Domestikation des Hundes als solche lässt sich nicht mit Veränderungen seiner DNA alleine erklären. Ich erwähnte bereits, dass die genetischen Unterschiede zwischen Wolf und Hund dafür viel zu gering sind. Doch was macht dann den Unterschied aus zwischen Wolf und Hund oder zwischen Berner Sennenhund, Collie und Rottweiler? Ist es so etwas Ähnliches wie Kultur? Natürlich ist klar, dass die allermeisten Hunde kein Interesse an Konzerten oder Literatur haben, aber das ist an dieser Stelle mit Kultur auch nicht gemeint.

Es geht um die Umwelt eines Hundes, das Training und sein Zuchtumfeld. Es geht um die über viele Generationen anhaltende Wechselbeziehung zwischen Mensch und Hund, die man etwas zugespitzt sehr wohl als kulturellen Austausch betrachten kann.

Solche „kulturellen" Faktoren sind offensichtlich sehr viel mächtiger als bislang gedacht. Wenn die Hunde einer Rasse immer wieder und über viele Generationen hinweg auf ähnliche Art behandelt und trainiert werden, dann eignen sie sich diese Dinge an. Sie werden Bestandteil ihrer Persönlichkeit. Sie werden zu ihrer „Kultur". Automatisch entstehen Eigenschaften, die selbst dann, wenn sie ursprünglich von Menschen vorgegeben wurden, irgendwann auch innerhalb eines Rudels zwischen den Spielgefährten oder durch das Lernen vom Muttertier übertragen werden.

Letztlich wandeln sich durch solche immer gleichen Umwelt- und Lebensstileinflüsse Nerven- und Hormonsysteme ebenso wie Bewegungsapparate und natürlich auch die Epigenetik in den Zellen. Viele Rassehunde – vor allem solche, die an Wettbewerben teilnehmen, die trainiert werden und die für die Zucht zur Verfügung stehen – werden permanent bis in die Epigenetik hinein auf eine bestimmte, meist sehr ähnliche und für die jeweilige Rasse typische Art geprägt. Denn die meisten Menschen haben hohe und sehr spezifische Erwartungen an sie.

Diese Prägung wird in jeder Generation auf ähnliche Weise neu aufgebaut. Denn von den Hunden einer Rasse werden immer wieder ähnliche Verhaltensweisen erwartet. All das wird auch molekularbiologisch und neurobiologisch gespeichert. Es wird vielleicht sogar ein Stück weit biologisch vererbt (dazu später mehr). Aber es verändert nicht den Code der DNA. Es beeinflusst nicht den Text der Gene, sondern höchstens die Art und Weise, wie und wo dieser Text abgelesen wird.

Die Evolution der Hunderassen ist sehr viel mehr als Genetik

Diese Erkenntnis deckt sich mit den Ansichten der modernen Evolutionsbiologie. Die israelische Evolutionstheoretikerin Eva Jablonka streitet schon lange dafür, dass neben der klassischen genetischen Evolution auch eine Evolution des Verhaltens, von artspezifischen Symbolen („Kultur") und der Epigenetik existieren (Jablonka & Lamb, 2005).

Danach prägen die epigenetischen Botschaften in den Zellen gemeinsam mit bestimmten wiederkehrenden Verhaltensweisen und kulturartigen Symbolen „die Geschichte des Lebens". Alle drei „Dimensionen", wie Jablonka es nennt, beeinflussen eine Tierart oder eine Hunderasse auf ähnliche Weise wie die vierte Dimension, nämlich deren Genetik.

Hundefreund*innen sind sich dessen viel zu selten bewusst, aber sie beeinflussen letztlich alle vier dieser Dimensionen, wenn sie Hunden einer Rasse ein bestimmtes immer gleiches und für diese Rasse typisches Lebensumfeld mit immer gleichen Herausforderungen bieten. Die Kynologie sollte damit beginnen, die drei nicht genetischen Bereiche ernster zu nehmen. Denn weil diese bislang kaum beachtet wurden, verbirgt sich in ihrem gezielten Einsatz ein riesengroßes Potenzial.

All das bedeutet übrigens nicht, dass die klassische Darwin'sche Evolutionstheorie falsch wäre. Evolutionsbiolog*innen wie Jablonka oder der deutsche Buchautor Axel Lange fordern aber eine Ergänzung der Theorie. Kulturelle Errungenschaften, angefangen bei der Entstehung der Sprache bis hin zur Gentechnik beeinflussten die Evolution des Menschen schon lange und werden es in Zukunft noch viel stärker tun, schreibt zum Beispiel Axel Lange (Lange, 2020). Ähnliches gilt natürlich auch für die Evolution des Hundes.

Denn der Mensch beeinflusst längst auch die Evolution anderer Arten. Und er macht das nicht nur auf genetischem Weg. Gut möglich, dass die Rassehundezucht – wenn sie demnächst auch biologisch genauer studiert wird – eines der besten Beispiele für diese These ist. Die Resultate von Elinor Karlssons *Science*-Studie legen das jedenfalls nahe.

Gerade im Interesse der Hunde und der Hundezucht wird es höchste Zeit, die Fixierung auf die bloße Genetik abzulegen und sich neuen Ideen und Methoden zu öffnen.

KAPITEL 3

WIE HUNDE WERDEN, WIE SIE SIND

Epigenetische Prägung komplexer Eigenschaften

Zellen haben ein Gedächtnis für Umwelteinflüsse. Das bedeutet, dass nahezu alles, was mit Ihrem Hund passiert, seine Spuren in der Molekularbiologie der Tiere hinterlässt: seine Ernährung, eine eventuelle Traumatisierung, aber auch der tägliche Auslauf, die Mußestunden oder das Training. Diese Spuren werden dank Epigenetik gespeichert und können noch Jahre später ihre Wirkung entfalten.

Dieses Kapitel erklärt die Mechanismen der Prägung von Persönlichkeit, Verhalten und Widerstandsfähigkeit der Hunde. Experimente mit Modellorganismen, aber auch Studien beim Menschen liefern viele Hinweise, dass diese Prägung durch Lebensstil und Umwelteinflüsse bei solchen Eigenschaften sehr viel wichtiger ist als die Art der von den Vorfahren geerbten Genvarianten.

WENN ZELLEN DAS PROGRAMM WECHSELN

Was wir von Schmetterlingen, Bienen und Ameisen lernen können

Es gibt wohl kaum ein Buch oder einen Vortrag über Epigenetik, in dem sie nicht vorkommt: die Verwandlung der Raupe in den Schmetterling. Tatsächlich ist diese Metamorphose eines der beeindruckendsten Beispiele, was mit Lebewesen passieren kann, wenn ihre Zellen das Programm wechseln.

Raupe und Schmetterling sind dasselbe Tier. Sie haben dasselbe Erbgut. Und doch verwandelt sich dieses Tier von Grund auf, wenn es sich als Raupe verpuppt und als Schmetterling wieder aufersteht. Biologisch ereignen sich dabei die entscheidenden Dinge in den Zellkernen des Insekts. Dort werden massenweise Schalter und Dimmer verstellt. Oder genauer: Es werden Methylgruppen an die DNA angebaut und an anderen Stellen von ihr entfernt. Zudem wird der Histon-Code an vielen Stellen umgeschrieben. Und es werden neue, vorher unbenutzte nicht kodierende RNAs zusammengesetzt.

All das gemeinsam führt dazu, dass sehr viele Zellen des Insekts einen neuen Satz an Genen ablesen. Dadurch erzeugen sie einen anderen Satz an Proteinen. Und das bedeutet schlicht, sie sind veränderte Zellen. Kein Wunder, dass der Schmetterling zumindest äußerlich kaum noch an die Raupe erinnert.

Wäre es also denkbar, dass sich auch Ihr Hund von innen heraus grundsätzlich wandeln kann, ganz so, als sei er eine Art Schmetterling? Sicher nicht! Die Metamorphose der Insekten ist ein festgelegtes, immer nach dem gleichen Schema ablaufendes Programm. Dass es überhaupt passiert, ist schon vorher in den Genen des Tieres angelegt. Ohne diese speziellen Schmetterlings-Gene kann kein Organismus sich auch nur annähernd in ähnlicher Weise verwandeln. Ohne diese Gene gäbe es weder die Bauanleitung zur gefräßigen, kriechenden

Raupe noch jene zum bunten, Blumen bestäubenden Flattertier – und auch nicht die Anleitung, wie die Metamorphose ablaufen soll.

Das Beispiel des Schmetterlings hakt also an einer wichtigen Stelle: Denn das Insekt schottet sich als Puppe bestmöglich gegen sämtliche Umwelteinflüsse ab. Die Epigenetik wird bei ihm von den Genen regelrecht benutzt, um ein immer gleiches, von Umwelteinflüssen weitgehend unbeeindrucktes Programm abzurufen. Letztlich orchestrieren die nebengenetischen Strukturen die Metamorphose gemeinsam mit sogenannten Transkriptionsfaktoren. Das sind Proteine, deren Code in bestimmten Genen steckt und die meist mehrere andere Gene – sofern epigenetisch zugänglich gemacht – direkt an- oder ausschalten können.

Im Fall der Metamorphose wird zunächst das Gen für einen oder mehrere dieser Faktoren abgelesen. Damit startet eine Kaskade von exakt aufeinander abgestimmten epigenetischen Umbauten im Erbgut der Zellen.

Bei der Entwicklung eines Hundes vom Embryo zum ausgewachsenen Elterntier ist es anders: Die Epigenetik ist zwar auch hier zunächst vor allem ein Werkzeug, mit dessen Hilfe die genetisch festgelegten Pläne auf immer gleiche Art ausgeführt werden. Aber die Umwelt ist in der Lage, dieses Werkzeug zu manipulieren.

Gedächtnis für Umwelteinflüsse

Die Entwicklung eines Säugetiers hat also immer auch sehr viel mit dem Gedächtnis für Umwelteinflüsse zu tun, von dem ich in diesem Buch bereits so viel geschrieben habe. Zu allererst sind für die einzelnen Zellen natürlich auch Botenstoffe aus anderen Teilen des Körpers eine Art Umwelteinfluss. Solche Botenstoffe, Hormone zum Beispiel, können Organe und Organsysteme epigenetisch verwandeln, indem sie Gene mehr oder weniger direkt an- oder ausschalten und nebenbei die Epigenetik verändern.

Und weil darüber hinaus die Produktion vieler Hormone von Einflüssen aus der Außenwelt abhängen kann, von Ernährung, Stress oder Bewegung zum Beispiel, hat die Umwelt sehr wohl das Potenzial, Säugetiere wie Mensch und Hund zutiefst in ihrer Entwicklung zu prägen.

Wie dramatisch Umwelteinflüsse auf die Epigenetik wirken können, zeigen uns zum Beispiel Ameisen, Bienen, Heuschrecken oder die bereits erwähnten Wasserflöhe. Ihr Erscheinungsbild hängt oft stark von äußeren Signalen ab. Diese wirken teils direkt auf das Epigenom der Zellen oder indirekt, indem sie den Spiegel einzelner Hormone im Körper der Tiere verändern. Bei Wasserflöhen ist es zum Beispiel eine hohe Konzentration der Ausscheidungen von Mückenlarven im Wasser, die den Kopfpanzer der Kleinkrebse auf epigenetischem Weg vergrößert.

Bei Wüstenheuschrecken sind es der häufige Kontakt mit Artgenossen sowie das Riechen von deren Ausdünstungen, die dafür sorgen, dass die Tiere eine andere Farbe bekommen und ihr Verhalten komplett ändern. Aus grünen, sogenannten solitären Tieren, die vereinzelt leben und sich aus dem Weg gehen, werden braune, hypergesellige Wesen, die sich als „gregäre" Heuschrecken zu gigantischen Schwärmen zusammenrotten und als biblische Plage übers Land ziehen (Spork, 2020a).

Spannend ist auch, was bei Ameisen passiert. Die Insekten eines Volkes sind zwar genetisch sehr eng miteinander verwandt, unterscheiden sich aber je nach Kastenzugehörigkeit epigenetisch stark voneinander. Soldatinnen, Königinnen oder Arbeiterinnen können sehr unterschiedlich groß und stark sein sowie ein vollkommen unterschiedliches Verhalten zeigen. Bei Blattschneiderameisen existieren viele verschiedene Kasten, deren Angehörige zwischen zwei und 16 Millimeter groß sind und im Insektenstaat spezielle Aufgaben übernehmen.

Die US-Amerikanerin Shelley Berger fand mit ihrer Gruppe im Laufe der Jahre heraus, dass es vermutlich die Nahrung ist, mit der die Larven gefüttert werden, die das Insekt für den Rest seines Lebens verändert und zutiefst prägt. Es gelang Berger und Kolleg*innen sogar, das Verhalten von Ameisen dauerhaft in eine bestimmte Richtung zu prägen, indem sie den Tieren als Larven ein epigenetisch aktives Medikament gaben (Simola et al., 2016).

Manche Forschende vermuten auch, dass die Temperatur und Feuchtigkeit in jenem Bereich des Ameisenbaus, in dem eine Larve aufwächst, die Entwicklung gezielt beeinflussen können.

Faszination Honigbienen

Das faszinierendste und am besten erforschte Beispiel ist jedoch die Honigbiene: Alle Tiere, die im Stock verbleiben, sind weiblich. Sie sind genetisch enger miteinander verwandt als die Hunde eines Wurfs. Folglich schlüpfen sie auch nicht als Arbeiterinnen oder Königinnen aus dem Ei, sondern als gleichartige Larven.

Tatsächlich ist zu diesem Zeitpunkt auch noch gar nicht entschieden, welches Tier eines Tages Königin und welches Arbeiterin werden wird. Im einen Fall wird das Tier fruchtbar und extrem langlebig – und herrscht über einen eigenen Bienenstaat. Im anderen Fall legt es keine Eier, sondern ist sein gesamtes, relativ kurzes Leben lang mit Brutpflege, Verteidigung, Bauarbeiten oder Nahrungsbeschaffung beschäftigt. Das genetische Potenzial zur Königin besitzt zunächst jede weibliche Bienenlarve.

Die ersten drei Tage ihres Lebens werden alle Larven von den Ammenbienen ausschließlich mit Gelée Royale gefüttert, einem Sekret aus den Kopfdrüsen. Beim größten Teil des Nachwuchses wird ein Teil der Kost danach durch Pollen und Nektar ersetzt. Einzige Ausnahmen sind jene Larven, die – warum auch immer – ausgewählt wurden, Königin zu werden und ein eigenes Volk zu gründen. Die Ammenbienen geben ihnen bis zu ihrer Verpuppung weiterhin nur das Feinste, was sie zu bieten haben, den Gelée Royale, der deshalb auch Königinnenfuttersaft genannt wird.

Der Stoff mit der krönenden Wirkung besteht vor allem aus Zucker und Wasser. Zudem enthält er Eiweiße, Aminosäuren und eine ganze Reihe von B-Vitaminen, wie zum Beispiel Thiamin (B1), Riboflavin (B2), Niacin und Folsäure sowie ein paar Spurenelemente. Man weiß inzwischen, dass es diesem Gemisch irgendwie gelingt, das Muster der DNA-Methylierungen in den Zellen der Larven zu verändern. Deren Gene werden daraufhin anders reguliert. Und das ist der entscheidende Unterschied zwischen Arbeiterin und Königin.

Der Heidelberger Epigenetiker Frank Lyko konnte vor Jahren mit einem internationalen Team sogar ermitteln, dass sich die Epigenetik in den Zellen im Gehirn der Honigbienen an 550 Stellen der DNA systematisch voneinander unterscheidet, je nachdem, ob es sich um Arbeiterinnen oder Königinnen handelt (Lyko et al., 2010). Der Königinnenfuttersaft leistet bei diesen Tieren tatsächlich ganze Arbeit.

Aber bitte kommen Sie jetzt nicht auf die Idee, sich Gelée Royale im Internet zu bestellen und an Ihre Hunde zu verfüttern. Diese werden dadurch bestimmt weder länger leben, noch besonders fruchtbar werden. Denn es sind Säugetiere, keine Bienen!

Der Königinnenfuttersaft wirkt nur in solchen Zellen, die irgendwie darauf vorbereitet sind, ihn als Signal zu lesen und darauf mit einer gezielten epigenetischen Umprogrammierung zu reagieren. In der Biene ist vermutlich nur ein kleiner Teil der Körperzellen derart empfänglich – und das auch nur in einem kurzen Zeitfenster. Der Hund besitzt solche Zellen sicherlich nicht.

Was das für Hunde bedeutet

Ihre Aufgabe als Züchtende, Trainierende oder Haltende von Hunden ist es, die richtigen, artgerechten Signale zu finden und zu senden, die Ihren Anvertrauten gut tun. Auch diese Signale werden Ihre Hunde zeitlebens in eine positive Richtung verändern. Eine gesunde und ausgewogene Ernährung, der richtige Mix aus

Entspannung und gezielter Förderung sowie das rechte Maß an Geborgenheit und positiven Bindungserfahrungen gehören garantiert dazu. Doch woraus sonst noch der Gelée Royale Ihres individuellen Hundes besteht, das müssen Sie selbst herausfinden.

EPIGENETIK VERÄNDERT UNSERE SICHT AUF DAS LEBEN

Nur gute Freunde können die beiden auseinanderhalten. Sie sind eineiige Zwillinge. Selbst als Rentnerinnen gleichen sie sich wie ein Ei dem anderen. Doch der äußere Schein trügt. Innerlich sind die beiden sehr verschieden. Die eine leidet an Typ2-Diabetes. Sie muss Medikamente nehmen und aufpassen, was sie isst. Denn ihre Bauchspeicheldrüse produziert zu wenig des Hormons Insulin. Sie hat große Probleme, ihren Blutzuckerspiegel im richtigen Bereich zu halten. Ihre Zwillingsschwester ist hingegen weitgehend gesund.

Die beiden haben zusammen mit einigen weiteren Zwillingspaaren als Probandinnen an einer berühmten Studie des Spaniers Manel Esteller teilgenommen (Fraga et al., 2005 und Poulson et al., 2007). Allen Testzwillingspaaren war gemein, dass eines der Geschwister eine chronische Krankheit hatte und das andere nicht.

Zunächst überprüften die Forschenden, ob es sich wirklich um eineiige Zwillinge handelte. Und tatsächlich waren sämtliche Paare genetisch nahezu identisch. Dass jeweils eine Person gesund und die andere krank war, konnte also nicht am Text der Gene liegen. Aber wie sah es mit der Regulation der Gene aus?

Hier wurden die Forschenden fündig: Epigenetisch unterschieden sich die Zwillinge deutlich voneinander. Und sie taten das auch an solchen Stellen, von denen man bereits wusste, dass sie an den jeweiligen Krankheiten irgendwie beteiligt sind. Damit war plötzlich klar:

Die Art, wie diese Gene reguliert werden, entscheidet bei diesen Menschen über ihr Erkrankungsrisiko.

Brücke zwischen biologischen und sozialen Prozessen

Doch warum waren die Epigenome der eineiigen Zwillinge unterschiedlich? Was hatte dazu geführt, dass manche ihrer Gene leichter und andere schwieriger abgelesen werden konnten? Sicher passiert vieles davon zufällig. Aber das alleine kann es nicht sein.

Auch hierauf gaben diese und weitere Studien Antworten: Es zeigte sich, dass eineiige Zwillinge sich epigenetisch immer weniger ähneln, je älter sie sind. Vermutlich haben Umwelteinflüsse dann schlicht mehr Zeit gehabt, epigenetisch zu wirken.

Schon bei der Geburt sind eineiige Zwillinge epigenetisch verschieden. Doch danach häufen sich mit der Zeit immer mehr Verschiedenheiten an. Dieser Prozess läuft zudem umso schneller ab, je unterschiedlicher der Lebensstil und die sozialen Verhältnisse der Zwillinge sind. Auch das ein klares Indiz dafür, dass hier Umwelteinflüsse am Werke sind.

Offenbar haben die Umwelt und der Lebensstil eines Menschen also einen Einfluss auf seine Epigenetik. Könnte es womöglich sein, dass die Epigenetik die lange gesuchte Verbindung zwischen biologischen und sozialen Prozessen ist? Könnte es sein, dass es die Epigenetik ist, die Einflüsse wie das Training, die Aufzucht, den Rang im Rudel oder den Stress im Lebensumfeld in Biologie verwandelt?

Der Epigenetiker Moshe Szyf von der McGill University in Montréal, Kanada, brachte es vor fast 20 Jahren auf den Punkt, als er sagte: „*Wenn die Umwelt eine Rolle bei der Veränderung unserer Epigenome spielt, dann können wir eine Brücke schlagen zwischen biologischen und sozialen Prozessen.*“ Schon damals wusste er, dass die Epigenetik diese Verbindung mit großer Wahrscheinlichkeit herstellt. Die Studien mit den Zwillingen und einige andere gute Hinweise existierten bereits.

So gesehen, war Szyfs einschränkendes „Wenn" eher ein rhetorisches Mittel, das die Dramatik des folgenden Satzes erhöhen sollte, den er nach einer kurzen Kunstpause aussprach: *„Und das ändert unsere Sicht des Lebens total."*

Damals hat kaum jemand daran gedacht, dass die Beziehung zwischen Haltenden, Trainierenden oder Züchtenden und ihren Hunden sowie zwischen Hunden untereinander mehr verändern kann als nur die Verschaltung der Nervenzellen im Gehirn.

Heute weiß man, dass solche sozialen Interaktionen bis ins tiefste Innere der Gewebe und Organe vordringen, dass sie bis in die Kerne der beteiligten Zellen wirken und deren Stoffwechsel umprägen können. Man weiß also auch, wie die Verbindung zwischen den sozialen und den biologischen Prozessen aussieht. Man hat erkannt, dass Verhaltensweisen zweier Lebewesen, die sich gegenseitig beeinflussen, also auch die Art der Beziehung zwischen Mensch und Hund, deren Biologie auf beiden Seiten zutiefst verändern können.

Bei Hunden sind die zugrunde liegenden molekularbiologischen Prozesse leider noch nicht sehr gut erforscht. An dieser Stelle lohnt es sich, auf eine aktuelle Studie über die vergleichsweise nahe verwandten Tüpfelhyänen zu schauen. Diese Raubtiere bevölkern die Steppen des südlichen Afrikas. Sie leben in streng hierarchisch organisierten Rudeln. Ein Weibchen führt die Gruppe, und alle anderen Tiere sortieren sich in einer festen Rangordnung dahinter ein. Der Nachwuchs übernimmt nach deren Tod automatisch den Status der Mutter, wobei jüngere Geschwister einen höheren Rang haben als ältere.

Es ist logisch, dass der Rang einer Hyäne einen großen Einfluss auf ihren Lebenswandel hat. Rangniedere Tiere haben es deutlich schwerer als Leithyänen: Sie müssen für die Nahrungssuche oft das Revier verlassen, wandern deshalb für lange Zeit und über weite Strecken, kümmern sich entsprechend weniger um ihren Nachwuchs, den sie noch dazu schlechter ernähren können.

Tüpfelhyänen am Gemeinschaftsbau eines Clans im Serengeti-Nationalpark in Tansania.

Das sorgt bei rangniederen Tieren für eine dauerhaft schlechtere Energiebilanz, ein schwächeres Immunsystem und häufigere Infektionen. Und es sorgt ganz im Sinne einer molekularbiologischen Verbindung zwischen biologischen und sozialen Prozessen offensichtlich auch für eine veränderte Epigenetik.

Tatsächlich konnte die Biologin Alexandra Weyrich vom Leibniz Institut für Zoo- und Wildtierforschung (IZW) in Berlin im Jahr 2024 nachweisen, dass der soziale Status von Hyänen Spuren in den Epigenomen der Tiere hinterlässt (Vullioud, 2024). Die Spuren sind so eindeutig, dass man eines Tages mit Hilfe eines epigenetischen Tests alleine aus einer Kotprobe auf den Rang und das Verhalten des betreffenden Tieres zurückschließen wird – ohne das Tier selbst je zu Gesicht bekommen zu haben.

Weyrich und ihr Team sammelten von 18 erwachsenen Hyänenweibchen und 24 Jungtieren Kotproben und analysierten das Erbgut in daran anhaftenden Zellen der Darmschleimhaut. Die Tiere stammten von Rudeln, die von Forschenden des IZW seit mehr als 30 Jahren in der Serengeti in Tansania begleitet werden. Die Hierarchie unter den Tieren war also bestens bekannt.

Die Tiere wurden für die Analyse nicht gestört, und es handelte sich um vollkommen frei lebende Tiere, die sich deshalb auch wie gewöhnliche Artgenossen verhalten. Frühere Studien hatten stattdessen Zootiere analysiert, bei denen der Rang kaum einen Einfluss auf deren Lebensstil hatte.

Folglich entdeckten die Berliner*innen als Erste, dass sich die epigenetische Genregulation systematisch mit dem Rang der Tiere wandelt – sofern sie in freier Wildbahn leben. An 149 Stellen der DNA unterschied sich das Muster der Methylgruppen, die Enzyme an das Erbgutmolekül angelagert hatten. Benachbarte Gene können dort also mehr oder weniger gut von den Zellen abgelesen werden.

Auffallend viele der besonders stark methylierten Gene haben etwas mit dem Energiestoffwechsel oder dem Immunsystem der Tiere zu tun. Außerdem fand sich der Unterschied vor allem bei erwachsenen Hyänen. Er scheint also – ähnlich wie bei den eineiigen Zwillingen aus den Studien des Spaniers Manel Esteller – erst im Laufe des Lebens als Folge des Lebenswandels zu entstehen.

EPIGENETISCHE PRÄGUNG VON PERSÖNLICHKEIT

Warum epigenetische Tests eines Tages das Wesen eines Hundes vorhersagen werden

Wir wissen also: Die systematischen epigenetischen Unterschiede bei den Tüpfelhyänen sind höchstwahrscheinlich nichts anderes als molekularbiologische Anpassungen an die unterschiedlichen Herausforderungen des Lebens. Die von Beginn an außergewöhnlich anstrengende, zehrende Existenz eines untergeordneten Tieres hinterlässt demnach andere Spuren als das „Luxusleben" der Leithyäne und ihrer Nachkommen.

Selbstverständlich sollten sich bei Hunden ähnliche Anpassungen finden lassen. Auch Hunde sind soziale Wesen – und auch in ihrer Biologie werden sich soziale Einflüsse als epigenetische Markierungen niederschlagen. Die Wissenschaft muss sie nur noch aufspüren.

Das bedeutet aber auch, dass sich ebenso wahrscheinlich epigenetische Hinweise auf die Persönlichkeit und Trainierbarkeit eines Hundes finden lassen sollten. Und eine Analyse dieser Hinweise könnte Kynolog*innen eines Tages vielleicht sogar verraten, was ihnen heute noch oft ein großes Rätsel ist: Welcher Hund eignet sich für besondere Aufgaben und welcher nicht? Hätten sie auf diese Frage eine frühzeitige Antwort, könnten Fachleute in Zukunft nur noch solche Tiere beispielsweise zum Hüte-, Wach-, Blinden- oder Spürhund ausbilden, bei denen die Ausbildung mit großer Sicherheit erfolgreich sein wird.

Wäre es nicht wunderbar, entsprechende epigenetische Marker zu kennen und messen zu können? Dann könnten wir mit einem simplen Speichel- oder Bluttest erfahren, was wir unserem Tier zutrauen dürfen und was eher nicht. Wir könnten Über-, aber auch Unterforderung vermeiden und müssten uns bei wichtigen Entscheidungen nicht alleine auf die oft sehr ungenaue, sich vornehmlich an Äußerlichkeiten orientierende Einteilung in Rassen verlassen. Und tatsächlich unternimmt die Forschung derzeit erste Schritte in genau diese Richtung.

Wer Hunde züchtet, kennt das Dilemma: Da hat man das perfekte Muttertier und bringt es mit einem Zuchtrüden zusammen, dessen Stammbaum makellos ist. Rein genetisch kann also kaum etwas schiefgehen mit dem neuen Wurf. Doch dann kommen Welpen heraus, die sich später schlecht erziehen oder trainieren lassen, ungewohnt ängstlich und aggressiv sind oder ein bestimmtes Verhalten partout nicht entwickeln wollen, obwohl es für ihre Rasse eigentlich typisch ist.

Wer mir in diesem Buch bis hierhin gefolgt ist, weiß natürlich längst, dass die Umwelt einen stärkeren Einfluss auf das Verhalten von Hunden hat als deren Rasse. Doch wie lassen sich diese Einflüsse und ihre Folgen messen?

Dass die Lösung vermutlich in der Epigenetik liegt, demonstrierte unlängst der Molekularbiologe Matteo Pellegrini von der University of California in Los Angeles, USA. Mit Kolleg*innen entdeckte er erste epigenetische Markierungen in Zellen von Hunden, die Rückschlüsse auf ihre Persönlichkeit zulassen (Sanders, 2022). Die Forschenden zeigten, dass sich das Wesen eines Hundes anhand seiner Epigenetik besser vorhersagen lässt als über eine Analyse des genetischen Codes.

Bestätigen sich diese Ergebnisse, möchten die Forschenden darauf sogar zukünftige molekularbiologische Wesenstests für Welpen aufbauen. Unabhängig von der Rassenzugehörigkeit und Genetik könnte man dann schon frühzeitig bestimmen, ob sich ein Hund für spätere Aufgaben besonders eignet oder nicht.

„Das Verhalten von Hunden hängt mit den epigenetischen Mustern in deren Zellen zusammen“, sagt Pellegrini: *„Unsere Ergebnisse eröffnen damit die Möglichkeit, die Epigenetik für das breite Testen und die Auswahl gewünschter Verhaltensmerkmale etwa bei Begleit- oder Diensthunden zu nutzen.“*

Frühkindliche Erfahrungen

Hunde leben in starken sozialen Netzwerken. Außerdem lässt sich ihr Verhalten in seiner ganzen Komplexität in einer natürlichen Umgebung beobachten, die sie noch dazu mit uns Menschen teilen. Die

Hoffnung wächst, dass die epigenetische Prägung der Persönlichkeit von Hunden deshalb schon bald sehr viel besser erforscht sein wird als heute.

Experimente mit Mäusen und vielen anderen Säugern, aber auch Beobachtungen bei Menschen lassen schon lange keinen Zweifel mehr daran, dass es gerade die frühkindlichen Erfahrungen sind, die eine lebenslange prägende Auswirkung auf die Persönlichkeit haben können. Positive Erlebnisse, etwa eine stabile, liebevolle Bindung zu den Eltern, aber auch negative Erfahrungen wie toxischer Dauerstress oder Traumatisierungen verändern die Strukturen der Epigenome in den Zellen. Dass frühe Bindungserfahrungen nicht nur für Menschen, sondern auch für manche Tiere wichtig sind, gehört zu den neueren Erkenntnissen der Tier- und Biopsychologie. Letztlich prägen die Erfahrungen aus dem Mutterleib oder der frühen Kindheit via Epigenetik, wie der Gehirnstoffwechsel von Mensch und Tier auf soziale Reize aus der Umwelt reagiert.

Damit entscheidet die vorgeburtliche und frühkindliche Prägung maßgeblich über die jeweilige spätere Persönlichkeit, über die selbstverständlich auch Hunde verfügen. Anders als genetische Mutationen können die epigenetischen Markierungen theoretisch zwar noch verändert werden. Andererseits ist aus Tierversuchen aber auch bekannt, dass Säugetiere sie unter Umständen sogar an weitere Generationen vererben.

Die von Matteo Pellegrini im Jahr 2022 veröffentlichten Daten sind die ersten eindeutigen Hinweise, dass solche Prozesse auch bei Hunden existieren. Die Forschenden verglichen verschiedene Wesensmerkmale von 46 Hunden aus verschiedenen Rassen mit der Epigenetik von Zellen in ihrem Speichel. Trotz der geringen Größe der Studie konnten sie mehrere Verhaltensweisen bestimmen, die deutlich mit der Epigenetik der Tiere zusammenhingen. Wesensmerkmale wie Energie, Anhänglichkeit, Aufmerksamkeitssuche, nicht soziale Angst und Furcht vor Fremden waren signifikant mit dem Muster der Methylierung der DNA an 3 059 Stellen verbunden.

Manche der Resultate korrelierten aber auch mit dem Alter der Hunde. Dieses scheint Epigenetik und Verhalten parallel zu beeinflussen. Rechneten die Forschenden diese Effekte heraus, blieben dennoch zwei der Merkmale übrig: allgemeiner Antrieb (Energie) und Furcht vor Fremden. Die Erkenntnisse müssen nun in deutlich größeren Untersuchungen bestätigt werden. Außerdem ist sehr wahrscheinlich, dass man dann noch viele weitere Marker für noch mehr wichtige Persönlichkeitsmerkmale entdeckt.

Leider fehlt bislang der sehr schwer zu erbringende Beleg, dass die beobachteten Effekte auch zugleich der Auslöser für das jeweilige Verhalten sind. Doch selbst wenn es umgekehrt wäre – wenn die epigenetischen Markierungen also erst als Reaktion auf das entsprechende Verhalten entstehen würden – wäre das eine wichtige Beobachtung. Auch dann wäre nämlich klar, dass ein Zusammenhang zwischen Epigenetik und Verhalten besteht und dass man diesen für die Vorhersage des Verhaltens nutzen kann.

Bestätigen die Forschenden schließlich, dass die von ihnen entdeckten Besonderheiten im Epigenom der Hunde bereits seit der Welpenzeit existieren, stünde dem epigenetischen Wesenstest für neugeborene Hunde nichts mehr im Wege.

Pellegrini ist jedenfalls optimistisch: *„Wir planen, in Zukunft viel größere Studien durchzuführen, mit dem Ziel, Biomarker zu entwickeln, die es uns ermöglichen, Hunde mit spezifischen Verhaltensveranlagungen besser zu identifizieren.“* Angesichts der zahlreichen existierenden Erkenntnisse aus der Grundlagenforschung mit anderen Tierarten, die in eine ähnliche Richtung weisen, sind seine Pläne durchaus realistisch.

Auf jeden Fall wurde nun endlich ein Anfang bei der Erforschung der Epigenetik des Hundes gemacht. Zuvor existierte lediglich eine kleine Studie, die zeigen konnte, dass das Sozialverhalten von Hunden abhängig davon ist, wie gut die Zellen der Tiere aufgrund ihrer Epigenetik das Gen für das Bindungshormon Oxytocin ablesen können (Cimarelli et al., 2017).

Dass die Regulation des Oxytocins das Verhalten der Tiere beeinflusst, überrascht jedoch kaum. Die neueren Erkenntnisse liefern hingegen erste wissenschaftliche Informationen darüber, wie sehr die Persönlichkeit von Hunden insgesamt durch die epigenetische Genregulation geprägt sein dürfte – und dass Genetik und Zucht dabei eine sehr viel kleinere Rolle spielen als bislang gedacht.

Ein epigenetischer Wesenstest für Hunde ist also keine Utopie mehr. Ein solcher Test – früh im Leben eines Hundes eingesetzt – würde Zuchtverbänden und Hundefachleuten eine Menge Frustration und unnötige Arbeit ersparen. Vor allem aber würde der Test anzeigen, wenn eine sogenannte Wesensschwäche nicht genetisch bedingt ist.

Dann ließe sich die Schwäche zumindest theoretisch aus der Zuchtlinie entfernen, indem man *mit* dem Tier arbeitet, anstatt *gegen* das Tier zu beschließen, es aus der Zucht zu nehmen.

KAPITEL 4

BILDUNG BEGINNT IM MUTTERLEIB

Über perinatale Programmierung und warum sie in der Hundezucht so wichtig ist

Eine besonders sensible Phase für die epigenetische Prägung von Hunden umfasst die Zeit im Mutterleib und die ersten Wochen nach der Geburt. Hier entwickeln sich fast alle Organe. Deren Zellen benötigen dann einen engen Kontakt zur Außenwelt und reagieren besonders empfindlich auf Botenstoffe. Doch auch Signale wie Geborgenheit, Stress, Bewegung und Fehlernährung prägen die Hunde in dieser Zeit besonders stark.

Dieses Kapitel erklärt, was perinatale Programmierung ist und warum sie riesige Chancen für die Hundezucht und das Hundetraining speziell von Welpen und Junghunden bereithält: Wer mit Muttertieren und Welpen richtig umgeht, ebnet seinen Hunden den Weg in ein langes, gesundes und glückliches Leben.

WARUM WIR MACHT ÜBER DAS ERBGUT HABEN

Nicht nur eineiige Zwillinge sind genetisch nahezu identisch und sich deshalb meist zum Verwechseln ähnlich. Das gilt natürlich auch für Tiere, die geklont sind. Bei dieser Technik werden mit modernen Hilfsmitteln mehrere genetisch identische Individuen gezeugt. Oder vielleicht sollte ich besser *erzeugt* schreiben?

Ähnlich wie eineiige Zwillinge sind solche Klone enorm wichtig für die Forschung. Denn wenn Forschende sie vergleichen, können die Resultate nicht von unterschiedlichen Genvarianten beeinflusst sein. Geklonte Tiere sind sich biologisch so ähnlich, wie es irgend möglich ist. Wenn Biolog*innen beispielsweise den Einfluss einer bestimmten Ernährung auf diese Tiere messen wollen, erhalten sie mit viel geringerem Aufwand zuverlässigere Ergebnisse, als bei genetisch verschiedenen Tieren. Ein positiver Aspekt dabei: Es werden deutlich weniger Versuchstiere benötigt.

Klone sind sich also zumindest äußerlich sehr ähnlich. Doch das gilt nicht für die Mäuse im Labor des US-Forschers Randy Jirtle. Sie wuseln in ihrem Käfig umher, sind allesamt genetisch nahezu identisch, sehen aber ganz schön verschieden aus: Einige sind klein und schlank, haben ein glänzendes dunkelbraunes Fell. Sie wirken so, wie man es von jungen, gesunden Mäusen erwartet.

Andere Mäuse aber haben ein gelbes, struppiges und mattes Fell. Sie sind viel zu dick und größer als die anderen Mäuse. Diese dicken gelben Tiere sterben früher als die schlanken dunkelbraunen. Sie bekommen irgendwann Probleme mit dem Zuckerstoffwechsel, entwickeln eine Art Diabetes und erkranken auffallend häufig an Krebs.

Was ist passiert? An den Genen kann der Unterschied ja nicht liegen. Oder etwa doch? Die Lösung findet sich – Sie ahnen es natürlich längst – nicht im Text der Gene, sondern in deren Regulation. Die geklonten Tiere haben an einer bestimmten Stelle ein Gen eingepflanzt

Dick und gelb oder schlank und braun? Bei den gelben Agouti-Mäusen entscheidet darüber vor allem, was das Muttertier, während es trächtig war, im Futter hatte.

bekommen, das in dieser Form dort eigentlich nicht hingehört. Es ist das sogenannte Gelbe Agouti-Gen (*viable yellow agouti*).

Die Fellfarbe vieler Säugetiere hängt vom Agouti-Gen ab. Es enthält den Code für ein Enzym, das die Haarfollikel zwingt, statt des standardmäßig erzeugten schwarzen Farbstoffs eine hellere Variante zu bilden. Mischen sich die Farben, entsteht braun. Ist das Agouti-Gen inaktiv, werden die Tiere schwarz. Und arbeiten die Agouti-Gene an verschiedenen Stellen des Körpers unterschiedlich gut (was übrigens auch epigenetisch gesteuert wird), werden die Tiere gestreift, getigert oder gescheckt.

Bei der Gelben Agouti-Maus ist das farbgebende DNA-Stück so verändert, dass das von ihm kodierte Enzym den schwarzen Fellfarbstoff fast völlig unterdrückt. Und weil dieser Botenstoff zusätzlich ein paar andere wichtige Regelkreise im Stoffwechsel durcheinanderbringt, werden die betroffenen Tiere auch besonders oft übergewichtig, haben Probleme mit der Erzeugung des Stoffwechselhormons Insulin und bekämpfen Krebs in ihrem Körper schlechter als gewöhnliche Mäuse.

Genau an dieser Stelle setzt ein Experiment an, das zu den ganz großen Erfolgsgeschichten der Epigenetik gehört (Waterland & Jirtle, 2003). Es bescherte dem verantwortlichen Wissenschaftler Randy Jirtle im Jahr 2007 sogar eine Nominierung zur „Person des Jahres" im *Time Magazine*. Der US-amerikanische Krebsforscher und Toxikologe hatte mit seinem Mitarbeiter Robert Waterland die Idee, trächtige Gelbe Agouti-Mäuse mit großen Mengen bestimmter Nahrungsergänzungsmittel zu füttern. Die beiden wollten herausfinden, ob sich das auf die Fellfarbe der Jungen auswirkt.

Jirtle wusste bereits, dass in der DNA der Mäuse direkt beim Agouti-Gen eine dieser wichtigen CpG-Inseln eingebaut ist, an die besonders oft epigenetisch aktive Methylgruppen binden. Das Gen kann deshalb besonders leicht per DNA-Methylierung stumm geschaltet werden. *„Also dachten wir, wenn wir die Methylierung in den Zellen der Jungen über die Ernährung ihrer Mütter beeinflussen würden, sähen wir das sehr wahrscheinlich auch sofort daran, mit welcher Fellfarbe sie auf die Welt kommen"*, sagt mir Jirtle in einem Interview, das ich vor Jahren für mein erstes Buch zur Epigenetik mit ihm führte.

Die Forschenden pflanzten also mehreren Leihmuttertieren genetisch identische Klone ein. Dann mischten sie einigen der mittlerweile trächtigen Tiere Substanzen ins Futter, die der Methylierungsmaschinerie der Zellen helfen: Folsäure, Vitamin B-12, Cholin und Betain. Diese Substanzen benötigen nämlich die Enzyme, die Methylgruppen an die DNA anbauen. Andere werdende Agouti-Maus-Mütter erhielten gewöhnliches Futter.

Und tatsächlich zeigte sich, dass die Nachfahren der beiden Gruppen unterschiedlich gefärbt zur Welt kamen. Die Nager mit der Methylierungsdiät gebaren zum Großteil jene normalen, schlanken braunen Jungtiere, die nicht häufiger dick und krank wurden als gewöhnliche Mäuse. Die Mütter hingegen, die kein Spezialfutter fraßen, brachten Gelbe Agouti-Mäuse zur Welt.

Trotz dieser Unterschiede besaßen alle Jungen – wie es sich für anständige Klone gehört – das gleiche fehlerhafte Agouti-Gen.

Schließlich machten Waterland und Jirtle die entscheidende Entdeckung: Bei den Mäusen mit braunem Fell saßen viel mehr Methylgruppen am Agouti-Gen als bei den dicken gelben Tieren. Offenbar war das krankheitsauslösende DNA-Stück während der Embryonalentwicklung epigenetisch stillgelegt worden. Und offenbar war die Methylierungsdiät dafür verantwortlich.

„Wir wussten schon lange, dass die mütterliche Ernährung die Krankheitsanfälligkeit der Nachkommen tiefgreifend beeinflusst, aber wir konnten uns niemals den Ursache-Wirkungs-Zusammenhang erklären", sagt Jirtle. *„Doch dann haben wir als Erste überhaupt gezeigt, wie eine gezielte Nahrungsergänzung bei der Mutter die Genexpression ihres Nachwuchses zeitlebens verändern kann, ohne die Gene selbst zu manipulieren."*

Schließlich fügt der Forscher einen Satz an, den sich in leicht abgewandelter Form alle Hundezüchtende rahmen lassen und an die Wand hängen sollten: *„Wir haben eine ungeahnte Macht über unser Erbgut und das unserer Kinder."* Das heißt auch: Die Züchtenden haben Macht über das Erbgut ihrer Hunde. Allerdings ist damit nicht jene Macht gemeint, an die die meisten von ihnen zuerst denken.

Es geht nicht um zufällige Mutation und gezielte Selektion – also um die klassische Zuchtauswahl des vermeintlich besten Erbguts mit dem Ziel, möglichst „reinrassige" Tiere zu erhalten. Es geht um eine sehr viel direktere und leichter zu beeinflussende Macht. Es geht darum, welche ihrer Gene die Tiere besonders leicht aktivieren können und welche nicht.

Es geht um Epigenetik, nicht um Genetik. Es geht darum, dass Hunde ein Stück weit auch das sind, was ihre Mutter während der Trächtigkeit gefressen hat.

WOCHEN VOR UND NACH DER GEBURT

Warum die Wochen vor und nach der Geburt die entscheidendsten im Leben eines Hundes sind

Gelbe Agouti-Mäuse sind ein Produkt der Gentechnik. Sie dienen der Wissenschaft als Modellsystem, weil man bei ihnen schon auf den ersten Blick anhand der Fellfarbe sehen kann, ob ein bestimmtes Gen epigenetisch stumm geschaltet wurde oder nicht. Dieses Gen wurde von den Forschenden extra in einen DNA-Bereich eingeschleust, den Zellen im Zuge der Embryonalentwicklung für gewöhnlich abschalten.

Letztlich testen Jirtle und Kolleg*innen mit ihren sehr speziellen Mäusen also, ob und wie gut die Epigenetik grundsätzlich arbeitet – und inwiefern die Ernährung der trächtigen Mutter dazu beiträgt. Ihre Ergebnisse legen nahe, dass die epigenetische Prägung im Mutterleib die Gesundheit der Tiere zeitlebens prägt. An welchen Stellen des Erbguts das aber genau geschieht, das können die Forschenden mit ihrem Modellsystem nicht direkt beantworten.

Gewöhnliche Mäuse besitzen das Gelbe Agouti-Gen in dieser Form nicht. Es wäre deshalb auch verkehrt anzunehmen, das Risiko für Krebs, Diabetes und Übergewicht oder die Fellfarbe bei Hunden durch die Zugabe der von Jirtle eingesetzten Nahrungsergänzungsmittel im Sinne einer epigenetischen Diät positiv beeinflussen zu wollen. Eine ausgewogene, gesunde Ernährung dürfte eigentlich immer genügend der wichtigen Inhaltsstoffe enthalten, die der Epigenetik des Tieres zum Beispiel ausreichend Methylgruppen zur Verfügung stellen und die Enzyme bei ihrer Arbeit unterstützen.

Haltende und Züchtende von Hunden sollten die Ergebnisse mit den Gelben Agouti-Mäusen eher als Aufforderung verstehen, die Ernährung ihrer Vierbeiner grundsätzlich ernst zu nehmen. Eine artgerechte Ernährung sorgt offensichtlich dafür, dass die Epigenetik der Tiere gut funktioniert. In welche Richtung sich die Epigenetik dann jedoch entwickelt, das kann die epigenetische Diät à la Jirtle und Co nicht bestimmen.

Hier bleiben die Hundefachkräfte und Hundehaltenden selbst in der Verantwortung. Sie haben erstaunlich viel Einfluss auf das Leben des trächtigen Muttertiers und die Welpen in den ersten Wochen nach der Geburt. Sie entscheiden auf diesem Weg, was die Tiere in dieser Zeit erleben, wie gut es ihnen geht und was sie fressen.

Immerhin wissen wir nun, wie wichtig die Zeit im Mutterleib für das gesamte spätere Leben eines Hundes sein kann. Die Prägung des Wesens und der Gesundheit eines Säugetiers – inklusive Hund und Mensch – läuft nach dem gleichen Prinzip ab wie die Programmierung der Fellfarbe bei den Gelben Agouti-Mäusen. Es sind nur andere Gene und andere CpG-Inseln involviert.

Pränatale Programmierung

Das Phänomen wird pränatale – also vorgeburtliche – Prägung oder Programmierung genannt. Während der Embryonal- und Fetalzeit bilden Säugetiere alle wichtigen Organe. Zellen und Gewebe differenzieren sich aus. Am Anfang dieser Entwicklung steht eine einzelne befruchtete Eizelle. Am Ende ein fast fertiges Lebewesen mit Abermilliarden bis mehreren Billionen von Zellen, die sich auf rund 300 verschiedene Zelltypen verteilen.

Während all dieser Entwicklungsschritte ist die Epigenetik der Tiere gefordert. Epigenome wandeln sich. Sie reagieren auf genetisch programmierte Signale des eigenen Erbguts, aber auch auf massenweise Botenstoffe, die zwischen den Zellen hin und her wandern und von der Umwelt mitbeeinflusst werden.

Ob das Muttertier wiederholt große, schwer zu bewältigende Ängste aushalten muss, ob es vernachlässigt wird, womöglich mangel-

oder überernährt ist: All das beeinflusst nicht nur das Wesen und die Gesundheit der Mutter. Es verändert auch die Epigenome der sich entwickelnden Zellen, Gewebe und Organe der Föten in ihrer Gebärmutter. Als Konsequenz werden auch die Nachkommen eher übergewichtig, ängstlich oder aggressiv.

Das macht biologisch sehr viel Sinn, denn die Tiere werden auf diesem Weg auf eine Umwelt vorbereitet, die mutmaßlich viele Gefahren sowie schlechte oder zu wenig Nahrung bereithält. Aus der Warte der Züchtenden ist es aber fatal: Sie wollen keine überempfindlichen Tiere, die zu Verhaltens- oder Stoffwechselstörungen oder anderen komplexen Krankheiten neigen. Sie wollen Tiere, die offen sind für eine gute Welt, in der sie sich so frei wie möglich entfalten können. Die Züchtenden wollen gesunde, ausgeglichene Tiere, die stets empfänglich sind für jene Signale, die ihre positiven, von den Menschen erwünschten Eigenschaften fördern.

Ideal ist das Potenzial von Hunden, deren Mütter während der Trächtigkeit wenig übermäßigen Stress erleben, sich ausreichend bewegen und gesund ernährt werden. Die pränatale Programmierung solcher Hunde lässt sie vermutlich zeitlebens offener mit der Umwelt kommunizieren.

Sie dürften sich mit einer größeren Wahrscheinlichkeit in soziale Verbünde einfügen, stabile Bindungen aufbauen, sich gut trainieren und weniger leicht ablenken oder reizen lassen. Und sie dürften eine höhere Lebenserwartung haben.

An dieser Stelle muss ich im Konjunktiv schreiben, weil es epigenetische Studien zu diesen Fragestellungen mit Hunden noch nicht gibt. Aber es existieren zahlreiche Experimente mit Mäusen, Ratten und anderen sozial lebenden Säugetieren, die solche unmittelbaren Zusammenhänge zeigen.

Und bei Menschen gibt es eine Menge epidemiologischer Daten, die nahelegen, dass auch bei uns die pränatale Prägung äußerst wichtig ist. Kommen Menschen zum Beispiel mit einem Geburtsgewicht von mehr als vier Kilogramm zur Welt, haben sie später im Leben doppelt so häufig starkes Übergewicht als Menschen, die bei der Geburt leichter waren (Schellong et al., 2012).

Viele weitere Studien veranschaulichen, dass es nicht nur die Wochen vor der Geburt sein dürften, die den Hund für den Rest des Lebens prägen. Auch die Wochen unmittelbar nach der Geburt sind entscheidend. Die Entwicklung vieler Organe ist mit der Geburt nicht abgeschlossen. Vor allem das Gehirn verändert sich stetig weiter. Ein letztes, sehr entscheidendes Mal geschieht das in der Pubertät – bei Hunden also zwischen dem sechsten und zwölften Lebensmonat.

In den ersten Wochen und Monaten nach der Geburt gibt es zudem eine Reihe sogenannter sensibler Phasen. Dann reagiert ein bestimmtes Organ besonders empfindlich auf Signale aus der Umwelt. **Expert*innen sprechen deshalb nicht nur von der pränatalen, sondern vor allem von der perinatalen Programmierung von Gesundheit und Verhalten. Die Wochen vor und nach der Geburt sind beide gemeinsam entscheidend.**

AUFWACHSEN DER WELPEN

Warum es so wichtig ist, dass Muttertiere sich in Ruhe um ihren Wurf kümmern können

Michael Meaney lacht: *„In meiner Heimat gibt es tatsächlich Clubs von Müttern, die ihre Babys lecken. Ich meine, so richtig ablecken, mit ihrer Zunge ablecken."* Der Biopsychologe von der McGill University in Montréal, Kanada, ist an dieser absurden Mode nicht ganz unschuldig. Es waren seine berühmten Experimente mit Ratten aus den frühen 2000er Jahren, die zeigten, wie wichtig das Gefühl von Geborgenheit für das spätere Leben neugeborener Säugetiere sein kann und welche molekularbiologischen Prozesse diesem Effekt zugrunde liegen.

Zumindest in den Grundzügen lassen sich viele von Meaneys Erkenntnissen auf Menschen oder Hunde übertragen. Das sollte allerdings nicht so unreflektiert geschehen wie im Fall der babyableckenden kanadischen Mütter.

Menschen sind nun mal keine Ratten. Wir vermitteln unseren Kindern eine positive, feste und stabile Bindung nicht, indem wir unentwegt ihr „Fell" pflegen, wie es Nagetiere und in Abstrichen sicher auch Hunde tun. Wir kuscheln, tragen, wiegen, streicheln und stillen das Kind, reden und singen mit ihm, suchen den Blickkontakt und bieten Sicherheit und Geborgenheit, wenn es im Anschluss an einen Ausflug in die große weite Welt danach verlangt.

Anders als bei Ratten kümmern sich bei uns Menschen natürlich auch nicht nur die Mütter um den Nachwuchs. Zu dem Aufbau einer sicheren Bindung tragen Väter, Großeltern und andere Bezugspersonen ebenfalls bei. Wenn die Bindung gelingt, erhöhen wir die Chancen, dass unsere Kinder später im Leben besonders widerstandsfähig sind gegen Stresskrankheiten aller Art – von Depressionen über

Angst- und Schlafstörungen bis zu Stoffwechsel- oder Herz-Kreislauf-Krankheiten und vermutlich sogar Krebs.

Dennoch eignen sich Nagetiere hervorragend als Modell, wenn es um die grundlegende Erforschung der frühkindlichen Prägung von Säugetieren wie dem Hund geht. Das haben nicht nur die Studien von Michael Meaneys Team gezeigt, sondern zahlreiche Arbeiten, die viele seiner Kolleg*innen aus aller Welt in den folgenden Jahren publizierten.

Meaney und sein Team erforschen sogenannte *non-licking rats* – also Ratten, die nicht lecken. Diese Tiere betreiben keine ausreichende Brutfürsorge. Sie kümmern sich anders als gewöhnliche Ratten in den ersten acht Tagen nach der Geburt kaum um ihren Wurf.

Früher hatte man gedacht, diese Art der Vernachlässigung hätte genetische Ursachen, denn die betroffenen Tiere sind zeitlebens besonders ängstlich und aggressiv. Außerdem werden die Töchter aus einem solchen Wurf später meist selbst zu *non-licking rats*. Aber niemand konnte eine passende Genvariante finden, die für das Phänomen verantwortlich war.

Michael Meaney hatte schließlich die Idee, sich die Epigenetik der Tiere genauer anzuschauen. Und er wurde fündig (Weaver et al., 2004). Jene Ratten, die ihren Wurf nicht ausreichend lecken und pflegen, haben in einer bestimmten Region ihres Gehirns Nervenzellen, deren Gen für ein bestimmtes Protein besonders stark methyliert ist. Dieses Gen wird deshalb kaum abgelesen, das zugehörige Protein von den Zellen kaum gebildet.

Die Hirnregion heißt Hippocampus, das Protein ist der sogenannte Glucocorticoid-Rezeptor. Beide sind enorm wichtig für die Stressregulation der Tiere. Im Hippocampus misst das Gehirn mit Hilfe der speziellen Rezeptoren, wieviel des Stresshormons gerade im Blut ist. Sind nur wenige Rezeptoren vorhanden, arbeitet das System unsauber und verzögert. Betroffene Ratten leben – zugespitzt formuliert

– zeitlebens im Dauerstress. Kein Wunder, dass sie ängstlich und aggressiv sind und sich später, wenn sie selbst zum Muttertier geworden sind, oft ganz so wie ihre eigene Mutter nicht ausreichend um ihren Nachwuchs kümmern.

Warum diese epigenetische Prägung Sinn macht

Hat das Muttertier zu viel Stress und kann sich deshalb nicht gut um seinen Wurf kümmern, lebt es wahrscheinlich in einer bedrohlichen Umwelt. Da hilft es dem Nachwuchs, stets etwas gestresst und deshalb auf der Hut und besonders misstrauisch zu sein. Das mag zu Lasten einer guten Lern- und Bindungsfähigkeit gehen. Es schränkt auch den Erfahrungshorizont ein. Aber es sichert das eigene Überleben und die Chancen, selber Nachwuchs zu zeugen.

Der Mechanismus hinter der epigenetischen Prägung ist denkbar simpel: Werden Ratten geboren, ist das Gen ihres Stresshormonrezeptors in den Zellen des Hippocampus immer stark methyliert. Diese Zellen können kaum Rezeptoren bilden. Leckt jetzt die Mutter permanent das Junge und pflegt sein Fell, bildet das Jungtier kaum Stresshormone. In den Zellen des Hippocampus kommt diese Botschaft als Indiz für eine weitgehend gefahrenfreie Umwelt an und wird epigenetisch verarbeitet. Enzyme eilen herbei und sorgen dafür, dass das Gen für den Glucocorticoidrezeptor zunehmend demethyliert wird, wie Fachleute sagen.

Es werden also immer mehr Methylgruppen abgebaut, die Zellen können immer mehr Stresshormonrezeptoren bilden, und die Tiere werden zeitlebens vergleichsweise gut mit Stress umgehen können. Die Wahrscheinlichkeit ist groß, dass derart positiv geprägte Tiere ein resilientes, aufmerksames und offenes Wesen haben werden.

Wenn eine nachfolgende Generation also in einer friedlicheren Umwelt aufwächst und entsprechend stressfrei geprägt wird, ist es letztlich ihre Aufgabe nachzuholen, was die womöglich überängstlich geprägten Eltern nicht leisten konnten. Dumm nur, wenn wie beim derzeitigen Umgang mit vielen Rassehunden die ängstliche Generation zuvor schon „aus der Zucht“ genommen wurde. Dann sind ihre vielleicht sogar sehr positiven Genvarianten auf Dauer verloren.

BILDUNG FÜR HUNDE

Warum Bildung auch für Hunde ein Grundrecht sein sollte

Das Prinzip, nach dem die Prägung der Stressempfindlichkeit bei den Ratten von Michael Meaney funktioniert, scheint bei den meisten Säugetieren so oder so ähnlich zu sein. Überall, wo Forschende gesucht haben – vor allem also bei Nagern oder Menschen – entdeckten sie, dass Vernachlässigung oder Traumatisierung der trächtigen oder schwangeren Mutter, aber auch des Nachwuchses in den ersten Wochen oder Monaten nach der Geburt die Epigenetik der sogenannten Stress-Achse dauerhaft verstellen kann.

An dieser Achse sind eine Menge von Hormonen, Organen und Rezeptoren beteiligt. Deshalb können bei früh im Leben traumatisierten Säugetieren auch viele verschiedene Gene in vielen verschiedenen Organen epigenetisch anders gesteuert sein als bei nicht traumatisierten Tieren. Die typischen Veränderungen der Persönlichkeit der Tiere folgen aber ähnlichen Mustern.

Das macht es natürlich nicht einfacher, all die vielen molekularbiologischen Details aufzuspüren, die letztlich verantwortlich sind für die oft erstaunlich gravierenden Auswirkungen auf das spätere Wesen der Tiere.

Am besten untersucht wurden die Zusammenhänge in Experimenten mit Ratten und Mäusen. Forschende wissen genau, wie sie diese als Jungtiere möglichst schonend so traumatisieren können,

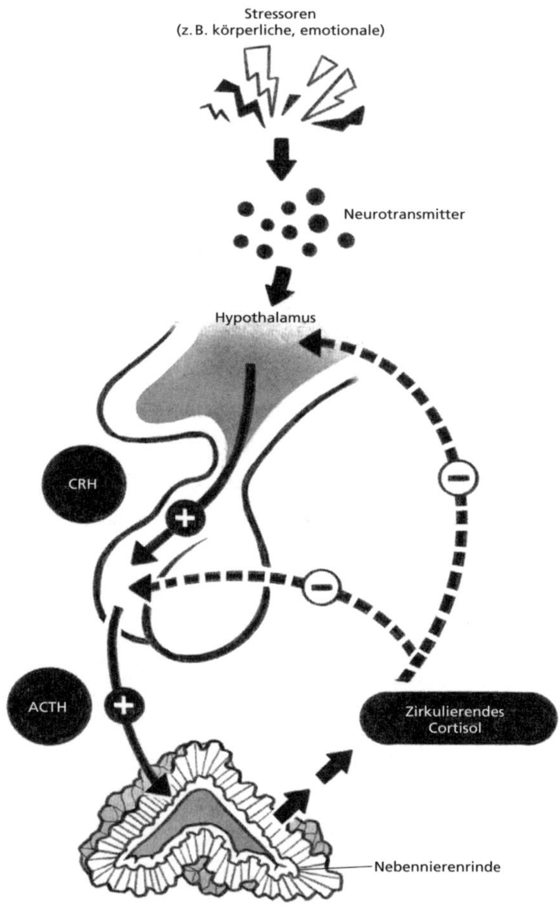

Das Gehirn steht am Anfang der Stress-Achse. Wird dort eine Situation als bedrohlich eingeschätzt, regt der Hypothalamus über Zwischenschritte die Ausschüttung des Stresshormons Cortisol an. Über eine Rückkopplungsschleife überprüft das Gehirn laufend den Cortisolspiegel.

dass sie kaum leiden und dennoch später im Leben die typischen Symptome früh vernachlässigter Säugetiere zeigen. Dadurch lässt sich systematisch erforschen, wie die Prägung der Persönlichkeit auch von Menschen oder Hunden funktioniert.

Vor ein paar Jahren zeigten Hirnforschende aus den USA, wie mächtig die Epigenetik gerade für die Prägung des Brutpflegeverhaltens ist. Und auch hier zeigte sich, dass die Epigenetik sich im Nachhinein zum Guten verändern lässt.

Die Hirnforscherin Samantha Keller und ihr Team bestätigten zunächst das Phänomen, dass Ratten, die als Neugeborene vernachlässigt worden waren, oft auch ihren eigenen Nachwuchs vernachlässigen. Messen konnten die Forschenden dies bei einem weiteren Faktor der Prägung: einer epigenetischen Veränderung am Gen für den Nervenwachstumsfaktor BDNF. In einer bestimmten Hirnregion namens Mediales Präoptisches Areal, die wichtig für das Fürsorgeverhalten ist, war die Epigenetik dieses Gens auffallend verändert.

Anschließend behandelten die Forschenden die Ratten kurz nach der Geburt ihrer Kinder mit dem Medikament Zebularin, das die Methylierung der DNA verringert. Das Fürsorgeverhalten der Tiere normalisierte sich, die Epigenetik am untersuchten Gen ebenfalls, und das Gen wurde genauso stark abgelesen wie bei gewöhnlichen Ratten (Keller, Doherty & Roth, 2019).

Ratten, die als Jungtiere nicht abgelehnt worden waren, veränderten sich durch das Zebularin interessanterweise in die unerwünschte Richtung. Sie begannen, ihre Jungen zu vernachlässigen. Ursache dafür war vermutlich, dass das Medikament nicht direkt am BDNF-Gen wirkte, sondern an einem vorgeschalteten Gen. War dieses weniger stark methyliert, gab es offenbar ein Signal zur Änderung des nachgeschalteten Programms – egal, in welche Richtung die Änderung stattfinden würde.

Den US-Forschenden gelang es damit als Erste überhaupt, das Fürsorgeverhalten von Ratten noch im Erwachsenenalter zum Guten zu verändern. Eine Art „Pille für bessere Muttertiere" wollen sie dennoch nicht entwickeln. Zebularin eignet sich für diesen Einsatz nicht, denn es muss direkt ins Gehirn gespritzt werden, und es hat Nebenwirkungen.

Was das Experiment letztlich belegen sollte – und was es auch sehr eindrucksvoll belegt hat – ist die Macht der Epigenetik. Sie scheint tatsächlich der Mechanismus zu sein, der das Fürsorgeverhalten der Tiere und wahrscheinlich auch von uns Menschen sowie unserer Hunde zeitlebens prägen kann.

Das bedeutet aber auch, dass sanftere Ansätze zur Veränderung der Epigenome grundsätzlich ebenfalls nachhaltige Veränderung des Wesens bewirken können. Auch Psychotherapie beim Menschen, Training beim Hund oder die Ernährung sowie das Bewegungsverhalten haben das Potenzial, die Epigenome wichtiger Zellen umzuschreiben.

Ob und wie das gelingt, wird die Wissenschaft hoffentlich als Nächstes herausfinden: In zukünftigen Studien möchten sie der Frage nachgehen, *„wie die Tiere auf weniger invasive Behandlungen ansprechen, etwa auf eine bestimmte Ernährung, körperliche Aktivität oder soziale Unterstützung"*, schreiben die US-Forschenden.

Die gute Botschaft hinter der dramatischen Erkenntnis, dass negative Ereignisse in der perinatalen Phase das Wesen nachhaltig zum Schlechten prägen können, ist also, dass diese Prozesse umkehrbar sind. Epigenetische Schalter und Dimmer können – ganz im Gegensatz zu genetischen Mutationen – zurückgestellt werden. Es ist sogar ihr Zweck, sich an Veränderungen der Umwelt anzupassen.

Mit einer überempfindlichen Stressantwort auf eine vermutlich recht gefährliche Umwelt vorbereitet zu sein, macht – wie bereits erwähnt

– biologisch Sinn. Aber genauso viel Sinn macht es, eine solche schicksalhafte Weichenstellung korrigieren zu können, wenn sie sich als falsch herausstellt.

Schon Michael Meaney zeigte mit seinem Team, dass vernachlässigte Ratten ein normales Verhalten und eine normale Epigenetik hatten, nachdem sie von einer Leihmutter übernommen worden waren, die sich fürsorglich um sie kümmerte. Auch ihre Epigenetik hatte sich normalisiert. Ähnlich positiv wirkte sich eine sogenannte angereicherte Umwelt aus. Dahinter verbirgt sich ein extra großer und schöner Laborkäfig, der sehr viel Spielzeug und eine Menge gleichaltrige Artgenossen enthält. Denn Ratten sind sehr soziale Tiere. Die vielen friedlichen sozialen Kontakte zeigten ihnen offenbar, dass das Leben längst nicht so gefährlich war wie befürchtet. Darauf reagierte irgendwann auch ihre Epigenetik und sie konnten wieder angemessen mit Stress umgehen.

Auch Hunde sind äußerst soziale Wesen. Und es spricht vieles dafür, dass die Experimente mit Ratten zumindest in Grundzügen auf Hunde übertragen werden können. Hundezüchtende und -trainierende bestätigen mir immer wieder, dass aggressive, ängstliche, vernachlässigte Welpen sich bei einem fremden, aber fürsorglichen Muttertier erholen können und ausgeglichener werden.

Ähnliche Effekte hat der regelmäßige Besuch einer Hundeschule oder einer Junghundegruppe: Die Epigenetik der Stress-Achse verändert sich. Dimmer und Schalter an den Genen werden umgestellt. Die Tiere gewinnen auch molekularbiologisch mehr Grundvertrauen in ihre Artgenossen und die Umwelt. Sie werden ausgeglichen, offen, lernwillig und resilient.

Verantwortung von Züchtenden

Die Verhaltensentwicklung der Hunde beginnt spätestens mit Beginn des letzten Drittels der Trächtigkeit – also bereits im Mutterleib. Für

Züchtende bedeutet das, sich in den Wochen vor und nach der Geburt gut um das Muttertier zu kümmern, damit fördernde Signale aus der Umwelt bis zum Fötus durchdringen können. Mütter oder Ammenmütter seien *„die ersten Lehrmeisterinnen der Hunde"*, sagt Christina Sigrist, Tierärztin und Dozentin für Hunde- und Katzen-Rassenkunde aus der Schweiz. Das Wohlergehen von Mutter und Welpen stehe in den ersten Lebenswochen immer im Vordergrund.

In diesem Zeitfenster geht es darum, dass die Jungtiere gute, wichtige Bindungserfahrungen machen. Das ist sozusagen ihre erste Lernaufgabe: soziale Kontakte entwickeln und sozialen Kontakten vertrauen. Dadurch werden sie selbst zeitlebens Tiere sein, die stabile Bindungen aufbauen können. Im nächsten Schritt werden das Training in einer Gruppe mit Gleichaltrigen und die stabile Bindung mit den ersten Menschen – den Züchtenden – wichtig.

Christina Sigrist spricht sogar von der Bildung der Hunde und fordert offensiv: Sie *„sollte ein Grundrecht für Hunde sein."* Selbstverständlich muss ein solches Bildungsprogramm immer auf den individuellen Hund und seine persönliche Entwicklung abgestimmt sein. Niemand möchte die Tiere überfordern. *„Tiergerecht, nicht artgerecht"*, lautet die Formel von Sigrist. Das Tempo, in dem ein Hund wächst und reift, hat sehr viel mit seiner individuellen Genetik und vor allem auch mit seiner Epigenetik und der perinatalen Prägung zu tun. Es ist hochindividuell.

Erfahrene Züchtende und Trainierende erkennen sofort, wenn ein Hund reif für soziale Kontakte ist oder in die Pubertät kommt. Sie fördern und fordern die ihnen Anvertrauten entwicklungsgemäß. Und je erfahrener sie sind, desto eher finden sie dabei das rechte Maß.

KAPITEL 5

WIE GESUND IST IHR HUND?

Was genetische und epigenetische Tests verraten – und was nicht.

DNA-Tests für Hunde versprechen oft sehr viel. Zuverlässig sind ihre Aussagen meist nur bei vergleichsweise simplen, sogenannten monogenetischen Merkmalen, etwa bei Erbkrankheiten. In diesen Fällen haben die Tests auch ihre Berechtigung und sind gerade in der Hundezucht wichtig. Doch wenn es um die Vorhersage etwa der Lebenserwartung oder des Risikos für allgemeine Stoffwechselkrankheiten geht, kann man sich die Gentests meist sparen.

Lernen Sie in diesem Kapitel, warum epigenetische Tests viele der Fragen rings um das Wesen und die Gesundheit Ihres Hundes besser beantworten können als genetische Tests. Doch die wenigsten epigenetischen Tests sind schon marktreif. Außerdem sind sie noch recht teuer. Immerhin gibt es eine erste Methode, das biologische Alter von Hunden mithilfe der Epigenetik zu bestimmen und damit eine Menge über deren Gesundheit zu erfahren.

DIE EPIGENETISCHE UHR

Warum die Entdeckung der Epigenetik und der epigenetischen Uhr unser Verständnis von Gesundheit verändert

Viele Menschen bekommen einen Hund, wenn er schon ausgewachsen ist. Oft wissen sie gar nicht, wie alt er genau ist. Sind es drei, fünf oder gar sieben Jahre? Erfahrene Hundefreund*innen kennen natürlich die Wesensveränderungen, die auch bei den Vierbeinern mit den Jahren einhergehen. Haltende können das Alter ihrer Tiere deshalb oft gut schätzen.

Allerdings wirken nicht alle Individuen eines Jahrgangs gleich alt. Manche sehen schon aus wie Senior*innen, wenn andere fast noch jugendlich erscheinen. Tatsächlich altern die Lebewesen einer Art unterschiedlich schnell. Das ist auch der Hauptgrund, warum manche Hunde früher als andere typische Alterskrankheiten bekommen, gebrechlich werden und schließlich sterben.

Fachleute unterscheiden deshalb das biologische vom kalendarischen Alter. Letzteres ergibt sich aus der Geburtsurkunde oder dem Personalausweis. Doch wenn es beispielsweise um das Wesen oder die Gesundheit eines Hundes geht, ist das biologische Alter das aussagekräftigere.

Es besagt, wie gut die Organe, Gewebe und Zellen noch funktionieren, wie gut es ihnen gelingt, Entzündungen oder Mutationen zu bekämpfen und damit Alterskrankheiten vorzubeugen oder wie oft und fehlerfrei sich die Stammzellen noch teilen können, aus denen sich die allermeisten Gewebe ständig regenerieren. Indirekt verrät das biologische Alter auch, wie lange Hunde oder Menschen statistisch gesehen noch zu leben haben.

Bestimmung des biologischen Alters

Bis vor etwa zehn Jahren war es nicht einfach, das biologische Alter von Hunden oder Menschen zu bestimmen. Es gab zwar eine Menge von Indikatoren: die Festigkeit des Händedrucks und schütteres Haar beim Menschen oder ein weißes Gesicht und nachlassende Aktivität beim Hund. Aber allen gemein war ihre Ungenauigkeit.

Doch dann kam vor rund 15 Jahren der Deutsch-Amerikaner Steve Horvath, aufgewachsen in Frankfurt am Main, später Biostatistiker in Los Angeles, USA, auf eine geniale Idee. Es war damals bekannt, dass sich die Epigenetik von Menschen systematisch ändert, je älter sie sind (Heyn et al., 2012). Theoretisch könnte man also das gesamte Muster der DNA-Methylierung in menschlichen Zellen ermitteln und daraus auf das biologische Alter zurückschließen. Das wäre aber unfassbar aufwendig und sehr, sehr teuer.

Horvath fragte sich: Wozu alle circa 30 000 CpG-Inseln vermessen, wenn schon sehr viel weniger, klug ausgewählte Daten ein fast genauso gutes Ergebnis bringen dürften? Er suchte deshalb gezielt nach einzelnen Stellen in der DNA, die sich statistisch gesehen immer mit einem bestimmten Alter epigenetisch verändern. Theoretisch müsste es genügen, sich einige solcher Stellen anzuschauen, um aus dem Ergebnis ziemlich zuverlässig das biologische Alter eines Menschen zu berechnen. Die Kunst und das mathematische Geschick des Forschers zeigten sich schließlich darin, dass er tatsächlich für die Altersbestimmung geeignete CpG-Inseln fand und damit das biologische Alter erstaunlich genau berechnen konnte.

Im Jahr 2013 publizierte Horvath als alleiniger Autor einen Artikel in der Fachzeitschrift *Genome Biology*, für den er eines Tages vielleicht sogar den Nobelpreis bekommen wird (Horvath, 2013). Er stellt darin einen Test vor, der den Methylierungsstatus (Methylgruppe angehängt oder nicht angehängt) von gerade mal 353 CpG-Inseln auswertet. Ein Algorithmus bestimmt daraus das Alter eines Menschen.

Das Resultat ist bei der Analyse von Zellen aus einer Blutprobe auf plus/minus 1,7 und bei Speichelproben auf plus/minus 2,7 Jahre genau.

Diese weltweit erste epigenetische Uhr zur Bestimmung des Alters ist nach ihrem Entdecker bis heute als *Horvath's clock* – Horvath'sche Uhr – bekannt. Auch wenn Forschende inzwischen eine Reihe ähnlicher Uhren entwickelten, so bleibt Horvath das Verdienst, die Methode entwickelt zu haben. Außerdem ist seine Uhr, die er längst optimiert hat, noch immer das Maß der Dinge, wenn es um die Messung des biologischen Alters geht.

Die epigenetische Uhr hilft indirekt sogar dabei, einen alten Menschheitstraum zu verwirklichen: die Messung der Gesundheit. Letztlich ist es nämlich ein Ausdruck eines gesunden Lebens, wenn wir vergleichsweise langsam altern.

Ist unser biologisches Alter oder jenes unserer Hunde deutlich niedriger als beim Durchschnitt – also deutlich niedriger als das kalendarische Alter – dann liegt das sehr wahrscheinlich auch an einem gesunden Umfeld und einem gesunden Lebensstil. Tatsächlich gibt es längst eine Reihe von Studien, die zeigen, dass Menschen ihr Alterungstempo verzögern, wenn sie bewusst auf ausreichend Schlaf, viel Entspannung, Bewegung sowie eine ausgewogene, gesunde Ernährung achten (Spork, 2021b). Selbstverständlich dürfte es bei Hunden genauso sein, deren Haltende sich um das Wohl ihrer Tiere bemühen.

Gesundheit ist demnach nicht mehr das Gegenteil von Krankheit, sondern es ist ein Prozess, in dem der Körper sich permanent mit Krankheiten und anderen Herausforderungen auseinandersetzt und an diese anzupassen versucht (Spork, 2017). Gelingt ihm diese Anpassung besonders gut, altert der Organismus langsamer. Die Lebenserwartung steigt – und mit ihr die Wahrscheinlichkeit, bis ins hohe Alter fit zu bleiben. Demzufolge haben wir Menschen unsere Gesundheit ein gutes Stück weit selbst in der Hand. Und Hundefreund*innen haben einen gehörigen Einfluss auf die Gesundheit ihrer Anvertrauten.

VERGLEICH DES ALTERS VON MENSCH UND HUND

Warum ein Menschenjahr nicht sieben Hundejahren entspricht und alle Hunderassen epigenetisch ähnlich alt werden können

Nicht lange nach Horvaths Entdeckung entwickelten Forschende weitere epigenetische Alterns-Uhren nicht nur für den Menschen, sondern auch für alle wichtigen Säugetierarten – inklusive Hund. Was diese Uhren für die Wissenschaft der Biologie besonders spannend macht: Die epigenetischen Veränderungen, die mit dem Altern einhergehen, scheinen den Prozess des Älterwerdens und biologischen Abbauens nicht nur abzubilden, sondern ein Stück weit selbst zu steuern.

An der nebengenetischen Genregulation setzen deshalb längst die vielversprechendsten Anti-Alterungs-Therapien an. Bei Mäusen gelang es Forschenden aus Spanien bereits, die Tiere zu verjüngen, indem sie die Epigenetik ihrer Zellen gezielt mit bestimmten künstlich hergestellten Botenstoffen zurückdrehten (Ocampo et al., 2016).

Solche Experimente sind so spektakulär, dass derzeit eine Menge Geld in diese Art der Jungbrunnenforschung fließt. Steve Horvath arbeitet inzwischen für die Firma Altos Labs, die unter anderem von den Amazon- und Facebook-Gründern Jeff Bezos und Mark Zuckerberg finanziert wird und das Altern eines Tages biotechnisch bremsen möchte.

Es ist also keine Utopie mehr, dass wir schon in einem oder zwei Jahrzehnten unsere gebrechlich gewordenen Hunde im Labor zu Junghunden zurückprogrammieren lassen können – wenn wir es denn wollen. Das wird allerdings extrem teuer sein und birgt zumindest anfangs sicher auch ein großes Risiko unerwünschter Nebenwirkungen wie Krebserkrankungen. Vorerst wendet sich die Alternsforschung aber einfacher zu lösenden Problemen zu. Wenn die epigenetische Uhr tatsächlich den biologischen Prozess des Alterns widerspiegelt, so fragten sich Forschende aus den USA zum Beispiel, dann lässt sich damit auch vergleichen, wie schnell verschiedene Säugetierarten altern. Man müsse nur die epigenetischen Uhren beider Arten nebeneinander halten und schauen, welche von beiden wieviel schneller tickt als die andere.

Als Erstes knöpften sich die Forschenden den Menschen und seinen treuesten Begleiter, den Hund, vor. Seitdem ist die uralte Formel, nach der ein Hundejahr ungefähr sieben Menschenjahren entspricht, Geschichte. Tina Wang und Kolleg*innen fanden stattdessen einen Algorithmus, mit dem man aus dem Resultat der epigenetischen Alterns-Uhr des Hundes jederzeit auf das vergleichbare Resultat beim Menschen kommt (siehe Kasten).

Berechnung des Alters Hund – Mensch

Man berechne – mit dem Computer oder Taschenrechner – den Logarithmus naturalis (ln) des Hundealters, multipliziere das Ergebnis mit der Zahl 16 und addiere 31 hinzu. Schon weiß man, wie alt der Hund wäre, wäre er ein Mensch (Wang et al., 2020). Wer es einfacher haben möchte, findet im Internet auch Seiten, wo man das Alter des Hundes in eine Maske eingeben kann und automatisch das vergleichbare Menschenalter als Ergebnis erhält (www.science.org/content/article/here-s-better-way-convert-dog-years-human-years-scientists-say).
ln(Alter des Hundes)x16+31=Menschenalter

Die Altersbeziehung zwischen Hund und Mensch ist dieser Formel zufolge nicht linear – also nicht gleichförmig. Anfangs altern Hunde sehr viel schneller als Menschen. Sie kommen vergleichsweise schnell in die Pubertät. Später gleicht sich das Alterungstempo von Hund und Mensch immer mehr aneinander an. Ein drei Monate alter Hund ist demnach biologisch so alt wie ein Mensch mit fast neun Jahren.

Ein einjähriger Hund entspricht dem 31-jährigen Menschen. Und ist ein Hund schon zwölf, dann zählte ein Mensch mit ähnlichem epigenetischem Muster fast 71 Jahre.

Doch auch mit einer anderen althergebrachten Regel der Kynologie räumt die Epigenetik des Alterns auf: Dass verschiedene Hunderassen aufgrund ihrer Genetik eine unterschiedliche Lebenserwartung haben.

Ein internationales Team um Steve Horvath verglich im Jahr 2024 das epigenetische Muster aus 15 000 Proben von 348 verschiedenen Säugetier-Arten. Daraus kalkulierten sie für jede Art die maximale Lebenserwartung, wie sie rein statistisch und bei einem gewöhnlichen Leben aus dem Tempo ihrer epigenetischen Alterns-Uhr folgte (Li et al., 2024).

Beim Menschen beträgt diese maximale durchschnittliche Lebenserwartung gerade mal 98,1 Jahre. Dass so viele Menschen schon heute deutlich älter werden und der Rekord der längst verstorbenen Französin Jeanne Calment sogar bei 122 Jahren, fünf Monaten und 14 Tagen liegt, zeigt, wie gut wir, verglichen mit anderen Arten, unser Alterns-Potenzial schon heute ausschöpfen – beziehungsweise immer öfters auch übererfüllen. Bei Grönlandwalen, deren ältestes bekanntes Exemplar auf 211 Jahre geschätzt wird, ist es ähnlich. Die ältesten bekannten Buckelwale sind hingegen weniger alt, als epigenetisch zu erwarten wäre.

Und die Hunde? Sie haben rein epigenetisch betrachtet im Durchschnitt das Potenzial, maximal rund 25 Jahre alt zu werden. Hunde, die dem nahe kommen oder sogar noch etwas älter werden (ja, das gibt es), haben offenbar nicht nur ein paar günstige Genvarianten geerbt, sondern zudem zeitlebens sehr gesund gelebt und sind entsprechend sehr viel langsamer gealtert als die meisten anderen Hunde. Denn diese sterben deutlich früher, mittelgroße Hunde in der Regel im Alter zwischen zehn und 13 Jahren.

Lebensgewohnheiten machen den Unterschied

Besonders spannend für die Hundeforschung ist aber ein anderes Resultat aus der gleichen Studie. Horvath und Kolleg*innen verglichen nämlich zusätzlich 742 Blutproben von insgesamt 93 verschiedenen Hunderassen. Und anders, als wir alle nach unseren Erfahrungen und dem allgemeinen Wissen über Hunde zu Recht erwarten würden, fanden sich hier bezüglich der durchschnittlichen, epigenetisch angelegten maximalen Lebenserwartung kaum statistisch signifikante Unterschiede.

Auch mit Bezug auf das Gewicht der Hunde konnten die Forschenden keinen klaren Zusammenhang zwischen beiden Messgrößen finden. Im Gegenteil stimmen die Resultate sogar weitgehend mit jenen für den Wolf überein.

Dass Hunde der einen Rasse also im Durchschnitt sehr viel länger oder kürzer leben als Hunde einer anderen Rasse, hat demnach nichts mit deren biologischem Alterungspotenzial zu tun. Es müssen stattdessen die rassetypischen Lebensgewohnheiten sein, die Hunde aus unterschiedlichen Rassen im Mittel unterschiedlich alt werden lassen. Salopp ausgedrückt, haben es die Hunde einer kurzlebigen Rasse vermutlich immer etwas schwerer im Leben als die Hunde einer langlebigen Rasse. Sie schöpfen ihr Potenzial deshalb weniger gut aus.

Das grundlegende Alterungsprogramm ist zwar bei beiden Hunden gleich und stellt beiden die gleiche maximale Lebenserwartung in Aussicht. Es läuft in der Regel bei der einen Rasse aber offenbar wegen anderer Lebensumstände schneller ab als bei der anderen. Die rassetypische Genetik redet hier nicht mit, denn diese hätte sich auch auf den epigenetischen Code und das Alterungsprogramm ausgewirkt.

Niemand leugnet also den Zusammenhang zwischen der Hunderasse und der durchschnittlichen Lebenserwartung. So wie auch niemand leugnet, dass Hunde unterschiedlicher Rassen in der Regel auch ein unterschiedliches Wesen haben. Aber die Unterschiede folgen anders als meistens gedacht keinem genetischen Programm, sondern dem rassetypischen Leben der Hunde. Es ist wie bei der Entstehung der Hunde-Persönlichkeit, über die ich im zweiten Kapitel berichtet habe, und es ist ähnlich schwer zu begreifen: **Das Alterungstempo eines Hundes ist weitgehend unabhängig von seiner rassetypischen Genetik.**

So ist zum Beispiel bekannt, dass große Hunde meist kürzer leben als kleine. Das Leben eines großen Hundes ist also beschwerlicher als das Leben eines kleinen Hundes. Irgendetwas am Lebensstil und in der Umwelt großer Hunde muss systematisch dazu beitragen, dass diese ihr Alterungspotenzial weniger gut ausschöpfen als kleine Hunde und deshalb schneller alt werden.

Das heißt aber auch: Der kleine Hund benötigt für diesen Gesundheitsbonus keine Langlebigkeits-Gene. Seine verlangsamte Alterung ist kein Produkt der genetischen Zuchtauswahl. Es ist eine Folge des Lebensstils, des Belastungsprofils und der Lebensumstände, wie sie für kleine Hunde nun mal über Generationen hinweg immer wieder üblich sind.

EPIGENETISCHE TESTS DES BIOLOGISCHEN ALTERS

Wissen Sie, wie alt Ihr Hund wirklich ist und wie gesund er lebt?

Zurück an den Anfang dieses Kapitels und damit direkt hinein in die neue Welt der Epigenetik-Tests. Was tun, wenn man einen Hund übernimmt und dessen genaues Alter nicht erfährt? Einen Geburtstag, ja sogar das Geburtsjahr liefern die Vorbesitzer oft nicht mit. Das ist schade, denn zum einen verändern sich das Wesen und damit auch die Ansprüche des Hundes im Alter. Und zum anderen möchte man natürlich gerne wissen, wie lange das Tier noch ungefähr zu leben hat.

Auch dieses Problem können die epigenetischen Tests des biologischen Alters lösen. Natürlich ist dieses nicht identisch mit dem kalendarischen Alter der Hunde. Aber es kommt ihm meist sehr nahe. Per Definition entspricht das biologische Alter jenem kalendarischen Alter, das alle Hunde mit dem gleichen epigenetischen Muster im Durchschnitt haben.

Nur wenn die Hunde schon immer besonders gesund gelebt haben, altern sie langsamer als der durchschnittliche Hund. Dann liegt ihr biologisches Alter und das per Test ermittelte Geburtsfenster vermutlich nicht weit genug in der Vergangenheit. Haben und hatten Hunde hingegen sehr viel toxischen Stress, schlafen sie regelmäßig zu wenig, werden schlecht ernährt und auch sonst mies behandelt, ist die Wahrscheinlichkeit groß, dass sie überdurchschnittlich schnell altern und deshalb auch epigenetisch bereits messbar älter als der Durchschnitt sind.

Für jene Menschen, die den Geburtstag ihres Hundes kennen, hält ein epigenetischer Test des biologischen Alters also eine besonders wertvolle Information bereit: Ist das Tier biologisch jünger als kalendarisch, lebt es mit großer Wahrscheinlichkeit gesund. Sie als Haltende machen im Umgang mit dem Tier vermutlich eine Menge richtig.

Im umgekehrten Fall könnten natürlich eine zufällig aufgetauchte Krankheit oder eine genetische Besonderheit schuld am raschen Altern des Tieres sein. Vielleicht gibt ein solches Testergebnis aber auch Gelegenheit, über die eigene Beziehung zum Tier und die Methoden der Haltung nachzudenken. Denn Hundehaltende sind verantwortlich für ihre Tiere und damit letztlich auch ein Stück weit dafür, wie schnell diese altern.

Möglichkeiten der Altersbestimmung

Um sich und Ihren Hunden solche Fragen zu beantworten, müssen Sie aber wahrscheinlich noch ein wenig warten. Epigenetische Uhren zur Messung des biologischen Alters und der Gesundheit von Hunden werden, wie beschrieben, in der Wissenschaft schon mit großem Erfolg eingesetzt.

Zum Zeitpunkt, zu dem ich dieses Buch schreibe, gibt es für gewöhnliche Hundehaltende aber nur einen einzigen Test auf dem Markt (erhältlich in den USA), der diese Methode benutzt – und der ist nicht besonders genau. Mit einer Wahrscheinlichkeit von 77 Prozent bestimmt er den möglichen Geburtstag des Tieres innerhalb eines Fensters von plus/minus sechs Monaten korrekt. Bei einem drei Jahre alten Hund wäre diese Spanne ein Drittel seines gesamten Lebens.

Trotz dieser Einschränkung ist der Test vermutlich noch immer viel genauer als die üblichen Tests des biologischen Alters, die hierzulande von mehreren Firmen seit längerem angeboten werden. Auch wenn sie teilweise als epigenetische Tests beworben werden, so erfassen diese Tests, Stand 2024, lediglich die Länge der sogenannten Telomere in den Zellen der Hunde. Streng genommen handelt es sich zwar auch dabei um epigenetische Strukturen, aber ihre Erfassung korreliert mit dem Alter deutlich schlechter als das weitaus schwieriger zu messende Muster der Methylierungen an der DNA.

Telomere, die wie Schutzkappen auf den Enden der Chromosomen sitzen, verkürzen sich, je häufiger sich Stammzellen im Körper geteilt haben, was natürlich mit dem Alter zusammenhängt. Bis zum Jahr 2014 galt ihre Messung deshalb auch beim Menschen als beste Methode zur Bestimmung des biologischen Alters.

Doch dann kam Steve Horvath. Mit ihm kam nicht nur die epigenetische Uhr, sondern mit ihr kam auch ein neuer Blick auf Gesundheit und die Möglichkeit, Gesundheit indirekt zu messen. Für Menschen existieren alleine in Deutschland inzwischen drei verschiedene Tests, mit denen Sie Ihr biologisches Alter ziemlich genau bestimmen können. Die Tests kosten zwischen 200 und 400 Euro (Stand 2024) und können im Internet bestellt werden. Mal geben die Menschen eine Speichel-, mal eine Blutprobe ab. Und nach ein paar Wochen wissen sie etwas besser als vorher, wie gesund sie leben und wie alt sie wirklich sind.

Ich selbst durfte zwei der Tests schon vor ein paar Jahren ausprobieren. Das erste Mal war ich laut Personalausweis knapp über 50 Jahre alt, laut epigenetischer Uhr aber fünf Jahre jünger. Das motivierte mich zu einem noch gesünderen Lebensstil. Ob das aber alleine der Grund war, dass ich zwei Jahre später nach dem Ergebnis eines zweiten Tests biologisch sogar neun Jahre jünger gewesen sein soll als kalendarisch, ist ungewiss.

Noch sind die Tests nicht sehr genau. Die abweichenden Ergebnisse können auch schlicht statistische Schwankungen gewesen sein. Eines aber scheint fast hundertprozentig klar: Ich altere bislang etwas langsamer als der Durchschnitt und habe deshalb auch gute Chancen, besonders lange fit zu bleiben. Garantiert ist natürlich auch das nicht. Aber ich werde weiter dranbleiben (Spork, 2022).

Doch zurück zum Hund. Auch hier lässt sich mit epigenetischen Uhren bestimmt viel Geld verdienen. Es ist also gut möglich, dass Sie jetzt, da Sie dieses Buch lesen, auch schon in Deutschland das biologische Alter Ihres Hundes via Speichelprobe so exakt wie nie zuvor bestimmen lassen können.

Sie müssen selbst entscheiden, ob sich die Investition in einen solchen Test für Sie lohnt. Vor allem, wenn Sie das kalendarische Alter Ihres Hundes kennen, hat er womöglich aber eine wichtige Information für Sie bereit: Er sagt Ihnen dann ein Stück weit, wie gesund Ihr Hund lebt. Und damit gibt er Ihnen auch eine gewisse Rückmeldung darüber, wie gut Sie Ihrer Verantwortung als Hundehaltende gerecht werden.

GENTESTS HEUTE UND EPIGENETISCHE TESTS DER ZUKUNFT

Wann genetische Tests sinnvoll sind, und warum wir uns auf epigenetische Tests freuen sollten

Es ist überraschend, was für Geheimnisse die Epigenome von Mundschleimhautzellen im Speichel oder Immunzellen im Blut so alles preisgeben können. Über Menschen finden Forschende zum Beispiel heraus, ob sie rauchen und wenn nicht, ob sie früher einmal geraucht haben. Es geht sogar so weit, dass man den ungefähren Zeitpunkt bestimmen kann, wann ehemalige Rauchende die Zigaretten endgültig aus der Hand gelegt haben.

Außerdem verraten epigenetische Analysen, wie sportlich Menschen sind und zeitlebens waren, wie viel sie essen und wie viel unbewältigten Stress sie haben. In Proben aus dem Fett- oder Muskelgewebe verbergen sich weitere Geheimnisse, etwa ob jemand eine Schlafstörung hat oder wie intensiv Sportler trainieren.

Bislang gibt es allerdings keine Selbsttests, die solche Fragen beantworten. Und erst recht gibt es solche Tests nicht für Hunde. Epigenetik-Tests, die wir kaufen und nach der eigenhändigen Probenentnahme selbst zum Labor schicken können, sind vorerst auf die Messung des biologischen Alters beschränkt.

Klassische genetische Tests werten nur den Code der DNA aus, erfassen also nicht die nebengenetischen Anhängsel, die wichtig für die Regulation der Gene sind. Je nachdem, was für Varianten ein Hund bei einem bestimmten Gen geerbt hat, lassen sich bestimmte Aussagen oder Prognosen über das Aussehen, die Herkunft und das Erkrankungsrisiko des Hundes treffen.

Kein Wunder, dass Hundebesitzende gerne solche Tests erstehen. Sie versprechen sich davon die exakte Bestimmung der Rasse oder den Ausschluss von Mutationen, die die Wahrscheinlichkeit erhöhen, dass ihr Hund im Laufe seines Lebens eine ernste Krankheit bekommt. Weil es sich um genetische Merkmale handelt, sind die Konsequenzen eines Testergebnisses auch für die Zucht interessant. Denn die entsprechenden Genvarianten werden mit einer hohen Wahrscheinlichkeit auch an die Nachkommen vererbt.

Für alle Gentests gilt also die simple Regel: Sie sind umso aussagekräftiger, je zwingender der Zusammenhang zwischen einer bestimmten Genvariante und einem damit in Verbindung gebrachten Merkmal ist, zum Beispiel bei Erbkrankheiten wie Mukoviszidose, familiärer Brustkrebs oder Chorea Huntington. Solche Leiden löst die Mutation eines oder einiger weniger Gene aus. Bei Hunden sind das zum Beispiel die Progressive Retinaatrophie, erblicher Haut- oder Gesäugeleistenkrebs oder das Brachyzephale Atemwegssyndrom.

Die Liste ließe sich beliebig fortsetzen. **Bei einzelnen Rassen kann auch das Risiko für eine bestimmte Erbkrankheit besonders stark erhöht sein. Für Hundezüchtende ist es deshalb wichtig, sich mit dieser Thematik auszukennen und im Zweifel auf Gentests zurückzugreifen. Denn zumindest bei den ernsten Erbkrankheiten scheint es tatsächlich die beste Vorsorgemaßnahme zu sein, betroffene Hunde einfach aus der Zucht zu nehmen.**

Doch immer häufiger werden Gentests auch damit beworben, sie könnten zusätzlich das Risiko für sogenannte Zivilisationskrankheiten des Hundes bestimmen. Damit sind Leiden wie Diabetes, Herz-Kreislauf-Schwäche, starkes Übergewicht oder nicht erblicher Krebs gemeint.

Doch diese Leiden sind komplex. Selbst wenn die Gentests Varianten von hunderten verschiedenen Genen erfassen, die alle nur zu einem geringen Anteil das jeweilige Risiko beeinflussen, bleibt ein ganz entscheidender Faktor außen vor: die Art, wie die Gene reguliert werden. Hier sind epigenetische Strukturen wichtig, denn was nutzt die bestmögliche, das Erkrankungsrisiko theoretisch senkende Genvariante, wenn das zugehörige Protein wegen einer angehängten Methylgruppe kaum von den Zellen gebildet werden kann?

Dann berechnet der Gentest zwar ein eher niedriges Risiko, ein epigenetischer Test würde aber erkennen, dass das Risiko tatsächlich sehr viel höher ist. Der epigenetische Test diagnostiziert nämlich anders als der Gentest, wie gut die Zellen die jeweiligen Gene in Abhängigkeit von Einflüssen aus der Umwelt und der perinatalen Prägung ablesen können.

Schlussfolgerung

Bei Erbkrankheiten und anderen streng genetischen Merkmalen können Gentests sehr viel Sinn machen, denn ihre Aussagen sind ziemlich zuverlässig und geben oft Gewissheit. Bei komplexen Merkmalen – und damit gerade auch bei besonders häufigen Krankheiten sowie dem Wesen des Hundes – genügt eine alleinige Analyse der Gene nicht. Im Gegenteil erhöht sie oft sogar die Ungewissheit.

Man weiß dann vielleicht, dass das Risiko für eine häufige Krankheit wegen bestimmter Genvarianten um ein paar Prozent erhöht ist, aber man hat überhaupt keine Ahnung, ob das Tier diese Krankheit auch tatsächlich bekommen wird. Achtet man vielmehr auf eine gesunde Lebensführung des Hundes – also auf viel Bewegung, möglichst wenig belastenden Dauerstress sowie ausgewogene Ernährung – dann senkt man das Risiko für eine komplexe Krankheit ohnehin so weit, dass Unterschiede in der Genetik kaum noch eine Rolle spielen sollten.

Wenn die Krankheit anschließend dennoch auftritt, sollte man sich trotzdem keine Vorwürfe machen. Den Faktor Zufall können wir niemals ausschließen. Ein gesunder Lebensstil mag zwar die Wahrscheinlichkeit senken können, mit der eine Krankheit wie zum Beispiel Krebs auftritt. Verhindern kann er diese Krankheit nicht.

Ähnlich wie bei den Gentests zur Messung des Erkrankungsrisikos ist es bei Gentest zur Rassebestimmung: Je weniger Rassen – vergleichbar den einzelnen Krankheitsfaktoren – beteiligt sind, desto zuverlässiger ist das Resultat. Bei Straßenhunden, die eine sehr bunte Mischung sind, ist die Aussagekraft der Gentests hingegen sehr viel schwächer (Przybilla, 2024).

Viele der spannendsten Fragen zu unseren Hunden werden wir also erst in der Zukunft mit Hilfe zuverlässiger epigenetischer Analysen beantworten können.

KAPITEL 6

DAS VERERBTE TRAUMA

Wie die transgenerationelle Epigenetik die Vererbungslehre und die Hundezucht verändert

Auf dem Weg der perinatalen Programmierung vererben das Muttertier, aber auch Leih- und Ammenmütter wichtige Eigenschaften an ihre Welpen. Das geschieht ohne den Einfluss der klassischen Genetik, weil dabei die Regulation der Gene verändert wird und nicht die Gene selbst. Bei Säugetieren wie dem Hund existiert zusätzlich eine transgenerationelle epigenetische Vererbung: Umweltanpassungen – etwa an den Lebensstil, das Training oder das Zuchtumfeld – gelangen dabei auch in die Keimbahn der Tiere. Das heißt, die Epigenetik der Eizellen und Spermien verändert sich. Das kann die Gesundheit und das Wesen der Nachkommen bis in die vierte Folgegeneration beeinflussen.

Dieses Kapitel erklärt, wieso nicht alle in einer Zuchtlinie kontinuierlich auftretenden Besonderheiten genetischen Ursprungs sein müssen, sondern auch epigenetisch vererbt werden. Anders als bei der genetischen Mutation kann eine Veränderung des Umfelds, des Trainings oder des Verhaltens der Züchtenden diese Merkmale gezielt beeinflussen. Negative Merkmale werden dann überschrieben, positive Merkmale bestenfalls sogar verstärkt.

EIN BLICK AUF DIE VORFAHREN

Warum manche Mäuse ängstlicher sind als andere, und was das mit ihren Vorfahren zu tun hat

Mäuse gibt's fast überall, Labormäuse auch. Sogar im ordentlichen Zürich. Sie sind neugierig, gesellig, geschickt, wuselig und oft auch erstaunlich mutig. Einige der Nager sind allerdings ganz besondere Tiere. Tief in sich tragen sie verborgene Spuren aus der Vergangenheit, die Forschende einst gezielt gelegt haben.

Die Mäuse sind Versuchstiere am Institut für Hirnforschung der Universität und der Technischen Hochschule Zürich. Und als solche dürfen sie immer mal wieder ihre Neugierde unter Beweis stellen, indem sie die verschiedensten Tests bestehen müssen. Die Forschenden möchten mit solchen Experimenten nachweisen, dass die Tiere nicht nur ihre Gene vererben, sondern auch biologische Anpassungen an ihre Umwelt.

Einer der Versuche, die hier tagtäglich ablaufen, ist der „plusförmige Hochlabyrinth-Test": Biolog*innen setzen die Mäuse auf ein horizontales Balkenkreuz, das so hoch ist, dass sie nicht herunterspringen können. Für die geschickten Kletterer stellt es keinerlei Herausforderung dar, auf den Balken zügig hin und her zu huschen. Auf einem fühlen sie sich sogar besonders wohl und sicher, denn dieser bewahrt sie dank hoher Wände vor den Blicken potenzieller Feinde, während der andere Balken ihnen keinerlei Schutz bietet.

Weil Mäuse von Natur aus sehr neugierig sind, sind sie grundsätzlich bestrebt, auch die offen liegenden Abschnitte kennenzulernen. Es ist deshalb ein gutes Maß für den Mut der Nager, wie frühzeitig, häufig und weit sie sich auch auf diesen Teil des Testgeländes hinauswagen.

Die mutigsten unter den Testmäusen erobern sich sofort beide Balken, machen kaum einen Unterschied zwischen dem offenen und dem geschlossenen Teil des Areals. Andere Tiere wiederum warten sehr viel länger, bis sie sich auf die gefährliche Hälfte des Hochlabyrinths trauen, und bewegen sich dort hastiger als ihre furchtlosen Artgenossen. Besonders ängstliche Tiere wagen sich überhaupt nicht in die Schutzlosigkeit.

Verhaltensforschende testen den Mut von Mäusen in einem plusförmigen Hochlabyrinth. Die von Natur aus neugierigen Tiere sollen dabei auch über die offenen Abschnitte laufen. In solchen und ähnlichen Tests verhalten sich traumatisierte Tiere sowie deren Nachkommen oft auffällig.

Die Forschenden schauen sich das Verhalten der Mäuse genau an und protokollieren akribisch die Reaktionen der Nager. Sie messen, wie lange es dauert, bis die Tiere sich erstmals auf die offenen Balken begeben und wie lange sie sich dort aufhalten. Videoaufnahmen und automatisierte Tracking-Systeme unterstützen die Forschenden bei ihrer kleinteiligen Arbeit. Der so simple wie starre Versuchsaufbau macht die Daten vergleichbar.

Natürlich ist dieser Test nur einer von vielen, die die Züricher Neuro-Epigenetiker*innen aus dem Team von Isabelle Mansuy in immer gleicher Form durchführen. In einem anderen Test müssen die Tiere zum Beispiel schwimmen, und es wird geschaut, wie lange sie motiviert bleiben. Insgesamt erfahren die Forschenden nahezu alles über die Persönlichkeit ihrer Versuchstiere, um sie dann mit durchschnittlichen Mäusen zu vergleichen. Außerdem untersuchen Mansuy und Kolleg*innen den Stoffwechsel und die Molekularbiologie der Tiere. Auf diesem Weg wurden in Zürich schon viele bahnbrechende Resultate erzielt.

Verhaltensunterschiede trotz identischer Lebensbedingungen

Die Mäuse in Mansuys Labor sollten eigentlich alle sehr ähnlich sein. Sie sind genetisch identische Klone, sie wurden von gesunden Muttertieren ausgetragen, sie hatten bislang ideale Lebensbedingungen. Und doch verhalten sie sich unterschiedlich und sind auch nicht alle gleich gesund. Einige haben Stoffwechselstörungen, andere nicht. Vor allem aber sind die einen erstaunlich ängstlich: Sie trauen sich auf dem Hochlabyrinth kaum auf den offenen Balken hinaus.

Ein Blick auf die Vorfahren der Mäuse erklärt die Unterschiede. Bei den gesunden Mäusen mit gewöhnlichem Verhalten zeigten auch die Vorfahren alle ein normales Verhalten und waren gesund. Aber bei den anderen Tieren wurden entweder die Väter, die Großväter oder sogar nur die Ur- oder Ururgroßväter kurz nach ihrer Geburt traumatisiert. Die Nachwirkungen dieser Traumata scheinen noch Generationen später messbar zu sein.

Auf diesem Weg helfen die Mäuse dabei, das Rätsel der epigenetischen Vererbung zu lösen. Die Züricher Forschenden sind nicht zuletzt dank ihrer Nagetiere weltweit führend, wenn es um die Frage geht, ob die Auswirkungen wichtiger Erfahrungen und anderer Umweltanpassungen an Nachkommen über die Keimbahn – sprich über Ei- und Samenzellen – weitergeben werden können oder nicht.

Mansuy arbeitet seit mehr als 20 Jahren mit Mäusen, die traumatischem Stress ausgesetzt sind, und deren Nachkommen. Im Jahr 2022 gelang ihrem Team der Nachweis, dass manche Effekte eines frühkindlichen Traumas bei den Nagern sogar über fünf Generationen weiterwirken können (Boscardin et al., 2022). Die erste Generation wurde traumatisiert. Vier Folgegenerationen wuchsen völlig normal auf und zeigten dennoch auffällige Symptome – etwa eine besondere Ängstlichkeit. Erst in der insgesamt sechsten Generation fanden sich keine Verhaltensauffälligkeiten oder Stoffwechselstörungen mehr.

Mansuy sagt deshalb, es sei *„denkbar, dass auch die Folgen einer Trauma-Exposition von Menschen an ihre Kinder oder sogar Enkelkinder weitergegeben werden“*. Und natürlich gilt dasselbe auch für Hunde.

Vergleichbare Experimente mit Hunden gibt es allerdings nicht. Aber bei vielen anderen Säugetieren – etwa bei Ratten oder Meerschweinchen – konnten Forschende aus den verschiedensten Labors ebenfalls Hinweise auf das finden, was Fachleute **transgenerationelle epigenetische Vererbung** nennen: **die Weitergabe epigenetischer Information mithilfe der Keimbahn über mehrere Generationen hinweg.**

Dabei geht es, anders als oft vermutet wird, jedoch nicht um konkrete Verhaltensweisen oder Ängste der Eltern oder Elterntiere. Diese sind in den Verknüpfungen des Nervensystems als Gedächtnis gespeichert und werden durch das Verhalten oder die Einstellungen direkt übertragen. „*Wenn ein Elternteil Angst vor Spinnen hat, wird es dies zum Ausdruck bringen, es zeigen und darüber sprechen*", erklärt Isabelle Mansuy mit Bezug auf den Menschen. „*Das Kind wird dieser Angst ausgesetzt sein, sie wahrscheinlich spüren und dann Spinnen mit Angst assoziieren.*" Kindern genügt mitunter ein einziger eindrücklicher Moment, um die Angst der Eltern zu übernehmen. Den Eltern wird diese Übertragung meist nicht bewusst.

Auch bei Hunden dürften konkrete Ängste auf ähnlichem Weg weitergegeben werden – völlig ohne Epigenetik oder Genetik. **Für Züchtende, Haltende und Trainierende ist es deshalb äußerst wichtig, sich stets bewusst zu machen, dass sie selbst eine zentrale Bindungspersonen für ihre Hunde sind. Auch ihre Ängste oder Unsicherheiten übertragen sich deshalb oft ganz direkt, aber größtenteils unbemerkt, auf das ihnen anvertraute Tier.**

Was vererben traumatisierte Tiere?

Wenn es keine konkreten Ängste sind, was vererben die traumatisierten Tiere dann? Ganz einfach: **Sie geben Informationen über bestimmte epigenetische Prägungen weiter, die einst vom Trauma hervorgerufen wurden.** Diese via Ei- oder Samenzellen übertragenen Prägungen sind anschließend am Entwicklungsprozess der nächsten Generation beteiligt. Auf diesem Weg verändern sie den molekularbiologischen Ausgangszustand bestimmter Körperzellen. Und diese werden letztlich so verändert, dass sie empfänglicher für die verschiedensten – positiven wie negativen – Einflüsse sind.

Das bedeutet einerseits: Ohne diese Einflüsse – eine ungesunde Ernährung oder permanenten toxischen Stress zum Beispiel – geschieht wenig. Es bedeutet aber auch: Das Trauma oder die Fehlernährung der Eltern prägt die Nachkommen auf molekularbiologischem Weg und macht sie anfälliger für Stresskrankheiten oder

Stoffwechselstörungen. Sie werden eher krank oder entwickeln eine andere Persönlichkeit als durchschnittliche Artgenossen.

Und es heißt im umgekehrten Fall: Auch eine hohe Resilienz, ein ausgeglichenes Temperament, ein offenes Wesen, die aufgrund einer positiven Umwelt im Laufe des Lebens erworben worden sind, werden ein Stück weit biologisch vererbt.

TRANSGENERATIONELLE EPIGENETISCHE EFFEKTE

Wieso viele Forschende skeptisch sind, ob epigenetische Vererbung wirklich existiert

Dass die Existenz transgenerationeller epigenetischer Effekte keine reine Spekulation bleibt, dafür sorgen immer mehr zuverlässige Studien von Forschenden aus aller Welt. Nach und nach entdeckt die Wissenschaft den Weg, auf dem Säugetiere Erfahrungen und Umweltanpassungen über Generationsgrenzen hinweg weitergeben.

Zuletzt überraschte das italienisch-kanadische Team um Marco Battaglia, das ähnlich wie die Züricher untersucht, wie Mäuse ihre Angst über mehrere Generationen hinweg vererben, mit neuen Ergebnissen: Die Forschenden reicherten die Atemluft der Tiere mit Kohlendioxid an oder erwärmten den Boden in ihren Käfigen. Dieser Stress war so dosiert, dass er gewöhnlichen Mäusen wenig ausmacht. Aber Tiere, deren Großväter sich als Jungtiere vier Tage hintereinander immer wieder an eine neue Leihmutter gewöhnen mussten, reagierten wie schon ihre Vorfahren überempfindlich und oft panisch.

Verantwortlich für das auffällige Verhalten der Tiere ist in allen drei Generationen eine epigenetische Veränderung in bestimmten

Nervenzellen des Gehirns. Ein Gen ist dort besonders aktiv, und ein bestimmtes Protein ist deshalb in den Zellen besonders häufig. Das macht sie außerordentlich erregbar, was letztlich die Überempfindlichkeit der Tiere erklärt (Battaglia et al., 2023).

Panik und Schmerz lassen sich zudem bei den Tieren aller drei Generationen durch das Inhalieren eines Sprays verhindern, das gezielt die Wirkung des epigenetisch verstärkten Proteins dämpft. Die Forschenden hoffen nun sogar, ein neuartiges Mittel im Kampf gegen Angst- und Schmerzstörungen auch bei Menschen entdeckt zu haben.

Spannend ist die Studie von Battaglia vor allem, weil alle drei aufeinanderfolgenden Generationen dieselbe epigenetische Besonderheit aufweisen, obwohl es nur bei den männlichen Tieren in der ersten Generation einen direkten Auslöser dafür gab. Die Information, dass exakt diese Stelle des Erbguts in exakt diesen Zellen verändert sein soll, muss also irgendwie über die Spermien weitergegeben worden sein.

Aber wie ist das möglich? Dazu muss die epigenetische Botschaft ja nicht nur in der Keimbahn verankert werden, sondern sie muss zusätzlich in der Gehirnentwicklung gezielte Veränderungen in spezialisierten Nervenzellen hervorrufen. Erst dann entwickeln die Tiere tatsächlich die gleiche herabgesetzte Schwelle für ihr Schmerzempfinden und die Panikreaktion, die auch schon die Eltern und Großeltern besaßen.

Hinzu kommt der Umstand, dass die Epigenome von Keimzellen bei Hunden wie bei allen anderen Säugetieren gleich zwei Mal in eine Art Urzustand zurückversetzt werden: ein erstes Mal im Zuge der Bildung neuer Ei- und Samenzellen, ein zweites Mal kurz nach der Befruchtung. Beide Male reprogrammiert sich das Erbgut, das heißt, das neue Leben beginnt epigenetisch nahezu bei null. Erst dadurch kann sich der neue Hund auch völlig frei entwickeln und ist sozusagen unvorbelastet empfänglich für neue Botschaften aus der Umwelt, wie sie beispielsweise über Plazenta und Nabelschnur vom Muttertier oder später durch das Handeln nahestehender Menschen kommen. Angesichts so vieler Hürden ist es kein Wunder, dass manche Fachleute an der transgenerationellen Epigenetik zweifeln. Allerdings sinkt die Zahl dieser Skeptiker stetig. Denn so erstaunlich es auch klingt, es gibt immer mehr überzeugende Belege, dass eine Vererbung der Epigenetik via Eizellen und Spermien auch bei Säugetieren auf verschiedenen Wegen möglich ist.

So konnten mehrere Teams von Forschenden zeigen, dass Spermien nicht nur DNA enthalten, sondern auch viele kleine Moleküle aus der Gruppe der RNA. Diese Ribonukleinsäuren beeinflussen nicht nur, welche Proteine die befruchtete Eizelle bildet, sie nehmen auch Einfluss auf die Regulation ihrer Gene. Zudem bestimmen sie vermutlich mit, wo und wann an der DNA epigenetische Schalter und Dimmer neu gesetzt werden und wo nicht.

Der Clou bei der Sache: Je nachdem, wie das Vatertier gelebt hat – wie viel Stress es hatte oder wie es ernährt worden ist – verändert sich die Zusammensetzung der RNA in seinen Spermien. Und das verändert offensichtlich das Wesen und die Gesundheit seiner Nachkommen (Rodgers et al., 2015 und Gapp et al., 2014).

Darüber hinaus scheinen – anders als man früher dachte – nicht alle Stellen an der Keimzell-DNA reprogrammiert zu werden. Es gibt Hinweise, dass sowohl Histonveränderungen als auch DNA-Methylierungen an einigen wenigen, für den Stoffwechsel von Körper und Gehirn besonders wichtigen Stellen, in Ei- und Samenzellen erhalten bleiben. **Damit werden die drei wichtigsten epigenetischen Systeme – nicht kodierende RNAs, Histon-Code und DNA-Methylierungsmuster – ein Stück weit mit der Keimbahn weitergegeben.** So kann man beispielsweise auch bei Menschen an ihren Keimzellen erkennen, wie gesund sie sich ernährt haben (Donkin et al., 2016). Kaum noch jemand zweifelt daran: Transgenerationelle epigenetische Vererbung ist auch bei Säugetieren möglich.

UMDENKEN IN DER RASSEHUNDEZUCHT

Warum Züchtende die Deckrüden nicht nur nach dem Stammbaum auswählen sollten

An dieser Stelle könnte ich noch eine Reihe weiterer Studien anführen. Aber die Aussage ist fast immer die gleiche und lässt sich gut zusammenfassen: Die Nachkommen traumatisierter Säugetiere zeigen oft ähnliche Symptome wie ihre exponierten Eltern. Zudem leiden sie überdurchschnittlich häufig an Stoffwechselstörungen oder Herzschwäche.

Auch die Folgen einer Überernährung, die starkes Übergewicht und Diabetes-artige Störungen auslöst, scheinen Säugetiere über mehrere Generationen zu vererben (Spork, 2020b). Selbst Anpassungen der Epigenetik an Vergiftungen oder ein Leben bei zu hohen Außentemperaturen werden über eine oder mehrere Generationen weitergegeben.

In den meisten dieser Experimente sind es die Vatertiere, die dem Trauma oder einem anderen Umweltreiz ausgesetzt waren. Das hat zunächst praktische Gründe, denn die Väter beeinflussen die perinatale Programmierung nicht. Dadurch ist es für die Forschung leicht, den Einfluss einer epigenetischen Vererbung über die Keimbahn von der Prägung im Mutterleib und nach der Geburt zu unterscheiden.

Doch auch, wenn Versuchstiere per künstlicher Befruchtung gezeugt und von völlig gesunden Leihmüttern ausgetragen werden, lassen sich Effekte einer epigenetischen Vererbung messen – und das unabhängig davon, ob das Vater- oder das Muttertier oder beide dem vererbten Umwelteinfluss ausgesetzt waren (Huypens et al., 2016).

Der Rassehundezucht zeigen solche Resultate, dass sie umdenken muss. Die Zeiten, da sich alle von den Vorfahren geerbten Merkmale eines Hundes auf die im DNA-Code gespeicherten Genvarianten zurückführen lassen, sind endgültig vorbei. Und das ist eine sehr, sehr gute Botschaft. Denn epigenetische Schalter und Dimmer lassen sich zumindest theoretisch immer auch durch eine Änderung der Umwelt verstellen. Bei genetischen Strukturen kann das niemals gelingen.

Tatsächlich konnte das Team von Isabelle Mansuy in Zürich sogar zeigen, dass traumatisierte Mäuse keinerlei negative epigenetische Mitgift mehr vererben, wenn sie in einer außergewöhnlich positiven, stimulierenden Umwelt mit vielen guten sozialen Kontakten aufwachsen durften. Ähnliches gilt für die Kinder oder Enkel traumatisierter Mäuse.

Indem wir Menschen als Verantwortliche dafür sorgen, dass es unseren Hunden gut geht, verringern wir höchstwahrscheinlich also das Risiko, dass sie negative epigenetische Botschaften vererben. Das gilt insbesondere für jene Hunde, die aufgrund schlimmer Erfahrungen in der Welpen- oder Junghundezeit traumatisiert wurden. Das Trauma selbst können wir niemals rückgängig machen. Die negativen Traumafolgen schon. Aber vor allem können wir verhindern, dass auch weitere Generationen unter diesen Folgen leiden müssen.

Umweltbedingungen des Rüden

Wir haben in diesem Buch gelernt, wie wichtig die Gesundheit und das Wohlergehen des Muttertiers für die nächste Hundegeneration sind. Über Nabelschnur und Plazenta sowie nach der Geburt auch auf direktem Weg finden Botschaften wie Stress- oder Stoffwechselhormone ihren Weg in die Kerne der Zellen und verändern deren epigenetische Genregulation.

Ich habe deshalb schon mehrfach auf die enorme Verantwortung der Hundezüchtenden hingewiesen: Wenn Sie dafür sorgen, dass es dem Muttertier gut geht, investieren Sie direkt in die Gesundheit und das Wesen Ihrer Welpen. Aber das bedeutet nicht, dass das Vatertier egal ist. Angesichts der vielen überzeugenden Daten zu einer generationsüberschreitenden epigenetischen Vererbung über Samenzellen muss die Umwelt der Zuchtrüden in Zukunft stärker beachtet werden.

Anders als früher gedacht, enthalten die Spermien sehr viel mehr Informationen als nur die Genvarianten der Väter. Es genügt deshalb auch nicht, den Rüden für eine Zucht nur nach seinem Stammbaum auszusuchen. Angesichts der Epigenetik werden sich verantwortungsbewusste Züchtende das Umfeld eines Rüden noch sehr viel genauer anschauen als bisher: Wie lebt der Rüde? Wie wird er gehalten, gefördert und gefordert? Hat er Auslauf, wird er gesund ernährt und kann er Rangordnungskonflikten und anderen Stressfaktoren aus dem Weg gehen? Denn solche Dinge beeinflussen die Umgebung der DNA und die Zusammensetzung von Botenstoffen in den Spermien des Rüden. Und deshalb beeinflussen sie auch die Gesundheit und das Wesen seiner Nachkommen.

Ist die Epigenetik eines Welpen nicht im Gleichgewicht, weil es die Umweltbedingungen des Vatertiers mehr oder weniger kurz vor der Zeugung ebenfalls nicht waren, dann können auch die vermeintlich „besten" Genvarianten nichts ausgleichen. Wuchs und Aussehen der Junghunde mögen dann zwar hervorragend sein, aber komplexe Merkmale, wie ihre Gesundheit und ihr Wesen, fallen negativ aus.

Besonders wichtig dürften dabei die letzten Wochen vor dem Deckakt sein. Dann reifen die Spermien nämlich im Hoden heran und warten anschließend im Nebenhoden auf ihren Einsatz. Während der Reifung sind einzelne Gene noch aktiv. Dann können epigenetische Veränderungen direkt am Erbgut relativ leicht von den zuständigen Enzymen der Zelle vorgenommen werden.

Doch auch im Nebenhoden – also vor allem in den Tagen vor dem Deckakt – hinterlassen Umweltsignale Spuren. Dann beeinflussen sie zwar weniger den Histon-Code oder die DNA-Methylierung, sondern sie nehmen neuen Studien zufolge Einfluss auf die Art und Menge der im Spermium enthaltenen RNA.

Forschende vom Helmholtz Zentrum in München berichteten im Jahr 2024 über ihre Experimente mit überernährten männlichen Mäusen. Deren Nachkommen wurden nur dann epigenetisch durch die Ernährung der Väter geprägt, wenn sie in jenem Zeitfenster ungesund ernährt wurden, als die Spermien in der Warteschleife im Nebenhoden waren. Ereignete sich der negative Umwelteinfluss früher und die Mäuse wurden anschließend völlig gesund ernährt, hatte das für die Nachkommen keine gesundheitlichen Konsequenzen (Tomar et al., 2024). Die Forschenden spekulieren sogar, dass die Zeit im Nebenhoden extra dafür genutzt wird, Nachrichten über die Umwelt und den Lebensstil der Väter via RNA in den Spermien zu deponieren.

All das bedeutet also, dass die perinatale Programmierung eines Hundes nicht nur in der Verantwortung des Muttertiers und seiner Haltenden liegt, sondern schon ein paar Wochen vor der Zeugung beginnt – und ebenfalls vom Deckrüden samt dessen Haltenden beeinflusst wird.

Logische Konsequenz ist, dass nicht nur das Muttertier so fürsorglich wie möglich behandelt werden muss, wenn man das Beste für den Nachwuchs erreichen möchte. Auch das Wohlbefinden des Rüden spielt eine Rolle – vor allem in den Tagen und Wochen vor dem Deckakt. Manche Züchtende werden an diesem Punkt gewaltig umdenken müssen.

KAPITEL 7

DIE GEHEIME MACHT

Einfluss von Umwelt, Training und Zuchtumfeld

Dank Epigenetik und Genregulationsforschung hat sich der Blick auf komplexe Merkmale von Säugetieren dramatisch verändert. Manche Regeln der klassischen Vererbungslehre müssen neu geschrieben werden. Das gilt auch mit Bezug auf das Wesen oder die Gesundheit von Hunden.

Dieses Kapitel möchte motivieren, die Welt der Hundehaltung und -wissenschaft mit anderen Augen zu sehen: Es lohnt sich immer, den Tieren Gutes zu tun und in ihr Umfeld zu investieren. Allerdings braucht es Zeit und Geduld, bis epigenetische Veränderungen sich dauerhaft und spürbar in einer Zuchtlinie oder auch bei einzelnen Individuen durchsetzen. Wer hier dranbleibt, wird mit glücklichen, liebevollen und ausgeglichenen Tieren belohnt.

VERHALTEN RESULTIERT NICHT ALLEIN AUS GENEN

Über rassetypische Gene, rassetypisches Verhalten und warum beides erstaunlich wenig miteinander zu tun hat

Es gibt zwei führende Wissenschaftsmagazine auf der Welt: *Nature* aus England und *Science* aus den USA. Wer in einem dieser Journals publizieren darf, hat es in der Forschung zu etwas gebracht. In einem strengen Verfahren bewerten Fachleute zuvor die allgemeine Bedeutung und die wissenschaftliche Qualität der eingereichten Studien und Ergebnisse.

In diesen Zeitschriften geht es deshalb fast immer um richtig große Themen: Quantenphysik, Klimakatastrophen, seltene Erkrankungen, neue Krebstherapien, die Entwicklung des menschlichen Gehirns und so weiter. Hunde kommen eher selten vor. Und doch: Am 29. April 2022 erschien in *Science* eine Studie mit dem Titel „Ancestry-inclusive dog genomics challenges popular breed stereotypes" (Morill et al., 2022). Das lässt sich ungefähr so übersetzen: „Hundegenomik unter Einbeziehung der Abstammung stellt gängige Rassenklischees infrage".

Diese Studie ist völlig zurecht in *Science* erschienen. Denn das, was dort geschrieben steht, sollten alle Hundezuchtverbände dieser Welt gründlich diskutieren. Es ist die Studie von Elinor Karlsson und Kolleg*innen, die ich im zweiten Kapitel bereits ausführlich vorgestellt habe.

Stark verkürzt und etwas zugespitzt folgt aus der Studie, dass sich die moderne Rassehundezucht maßlos überschätzt. Es ist ihr in den knapp 200 Jahren ihrer Existenz kaum gelungen, das Wesen der Hunde einer jeweiligen Rasse mit der gezielten Auswahl bevorzugter Merkmale dauerhaft so zu verändern, dass es im genetischen Code dieser Rasse gespeichert ist.

So verrückt es klingt, aber die fraglos existierenden rassetypischen Wesensmerkmale sind zum Großteil nicht durch rassetypische Genvarianten verursacht. Sie können nicht das direkte Produkt der gezielten Hundezucht sein. Es gibt keine Wächter-, Hüte-, oder Vorsteh-Gene. Das Verhalten eines Hundes ist im Gegenteil so komplex geregelt, dass es sich nicht innerhalb weniger Generationen herbeizüchten lässt.

Bitte nicht falsch verstehen: Hundezucht ist alles andere als ineffektiv. Sie wirkt nur nicht bei jeder Art von Merkmal gleich. Einfach genetisch geregelte Merkmale werden tatsächlich von einem oder wenigen beteiligten Genen beeinflusst. Varianten dieser Gene entscheiden zum Beispiel maßgeblich über Körpergröße, Erbkrankheiten oder Fellfärbung der Hunde. Weil diese Beziehung so einfach ist, war es auch kein Problem, binnen weniger Jahrzehnte alleine durch gezielte Zuchtauswahl eine Menge moderner Hunderassen zu erzeugen.

Äußerlich ist die resultierende Vielfalt gigantisch. Doch bezogen auf das Verhalten steckt in den Genen eines Chihuahuas nach wie vor das Potenzial der Dogge – und umgekehrt. Auch könnte sich ein Deutscher Schäferhund theoretisch wie ein Lagotto Romagnolo benehmen oder ein English Setter eine Schafherde hüten. Denn dabei handelt es sich um komplex geregelte Merkmale.

Laut der *Science*-Studie lassen sich nur neun Prozent der Verhaltensweisen, die typisch für eine Hunderasse sind, durch solche Genvarianten erklären, die bei dieser Rasse gehäuft vorkommen. Wäre das Verhalten tatsächlich ein Produkt der modernen Rassehundezucht, müsste sie sehr viel tiefere genetische Spuren hinterlassen haben.

Sie haben in diesem Buch gelernt, dass das keinesfalls bedeutet, dass das Verhalten Ihrer Hunde nicht zu einem großen Teil von deren Genen mitbeeinflusst wäre. Es heißt nur, dass die verschiedenen Varianten der allermeisten beteiligten Gene bei allen Hunderassen ungefähr gleich häufig vorkommen.

Das Verhalten des Hundes ist folglich nicht in erster Linie das Produkt der mehrere Generationen überschreitenden zurückliegenden Zuchtauswahl. Die Sache ist komplizierter: **Das Verhalten entsteht durch das hochkomplexe Zusammenspiel einer Vielzahl beteiligter Gene mit der Umwelt und den individuellen Herausforderungen des Tieres sowie den Lebensumständen seiner Vorfahren.**

Das Verhalten entsteht in einem Generationen überschreitenden Prozess – und der wird von sehr vielen verschiedenen Genen und der Rassehundezucht zwar mitbeeinflusst, aber nicht bestimmt.

MENSCHEN UNTERSCHIEDLICHER HERKUNFT

Warum mangelndes Wissen über komplexe Genetik Rassismus fördert, und was Hundefreunde daraus lernen können

Zu dem bisher Geschriebenen passt auch eine weitere *Science*-Studie. Dieses Mal geht es um das Verhalten von Menschen. Aber es geht auch um so etwas Ähnliches wie Rassen. Es geht um Rassismus.

Menschliche Rassen gibt es nämlich keine. Systematische Unterschiede zum Beispiel bei der Hautfarbe reichen genetisch gesehen nicht für eine Trennung in unterschiedliche biologische Rassen aus. Denn dafür genügt es nicht, derart einfach geregelte Merkmale zu betrachten. Wie intelligent wir sind, ob wir ein hohes Risiko für Depressionen haben oder wie effizient beispielsweise unsere Muskeln arbeiten: All das ist das Resultat eines Aktivitätsmusters, das oft Tausende miteinander systemisch vernetzte Gene in unterschiedlichen Zelltypen in ebenfalls vernetzten Organen im Zusammenspiel mit Umweltreizen bilden. Und hier unterscheiden sich Menschen unterschiedlicher Herkunft kaum voneinander. Mindestens so wichtig wie der genetische Code des Erbgutmoleküls DNA ist eben die Art, wie die zahlreichen verschiedenen Gene miteinander und mit der Umwelt über lange Zeiträume hinweg zusammenarbeiten. Für die Aufgabe, diese komplexen Prozesse zu steuern, ist zu einem großen Teil die Epigenetik zuständig. Und genau deshalb hat Sie dieses Buch über Epigenetik hoffentlich motiviert, sich in Zukunft noch intensiver um Ihre Hunde und deren persönliche Bedürfnisse zu kümmern.

Logischerweise folgt die Vererbung komplexer Merkmale auch beim Menschen nicht den gleichen Regeln wie die Vererbung simpler (also von wenigen Genen gesteuerter) oder sogar monogenetischer (von nur einem Gen gesteuerter) Merkmale. Wie bereits erwähnt, sind solche Merkmale zum Beispiel Haar- und Augenfarbe oder Erbkrankheiten und Anomalien wie zystische Fibrose, Mukoviszidose, Muskeldystrophie, familiärer Brust- oder Darmkrebs, Chorea Huntington (früher Veitstanz genannt) oder Sichelzellenanämie.

Es gilt längst als großer Fehler, die eher simplen Regeln, die der Vererbung solcher einfachen Merkmale zugrunde liegen, auf komplexe Eigenschaften wie Intelligenz, das Risiko für Depressionen, Altersdiabetes oder nichtfamiliären Krebs anzuwenden. Das schreibt zum Beispiel auch ein Team um den Lernpsychologen Brian Donovan aus Colorado Springs, USA in einem *Science*-Artikel aus dem Februar 2024 (Donovan et al., 2024).

Dieser Fehler verstärke die falsche Vorstellung, Menschen unterschiedlicher geografischer Herkunft seien aufgrund ihrer Genetik grundsätzlich verschieden. Diese Art des „genetischen Essentialismus“ sei biologischer Nonsens, und sie fördere rassistisches Denken. „*Wenn ‚Rassen‘ als geografische Populationen definiert werden, dann ist die essentialistische Annahme falsch, dass es wenig bis gar keine genetische Variation zwischen Individuen derselben Rasse gibt – und damit, dass die meisten genetischen Variationen zwischen den Rassen bestehen*“, schreiben die Forschenden. Das klingt kompliziert, ist es aber nicht. Es bedeutet schlicht: **Genetisch gesehen sind sich alle Menschen so**

ähnlich, dass sich bezogen auf komplexe Merkmale mehr Unterschiede zwischen Menschen gleicher geografischer Herkunft finden lassen als zwischen Gruppen von Menschen, die aus unterschiedlichen Teilen der Welt stammen.

Übertragen auf Hunde würde dies bedeuten, es gebe mehr genetische Unterschiede zwischen zwei Hunden der gleichen Rasse als zwischen allen Vertretern einer Rasse und den Vertretern einer anderen Rasse. Das trifft bei Hunden nicht immer zu, weshalb es völlig korrekt ist, sie in Rassen einzuteilen. Aber bezogen auf die Genetik des Hunde-Verhaltens stimmt es offenbar. Das hat die im vorigen Abschnitt erwähnte *Science*-Studie von Elinor Karlsson gezeigt.

Das Genom aller Menschen – also die Gesamtheit ihres individuellen genetischen Codes – unterscheidet sich nur zu etwa 0,1 Prozent voneinander. Und 95 Prozent aller Unterschiede finden sich innerhalb einheitlicher geografischer Populationen, also zum Beispiel unter allen Europäern. Existierten tatsächlich menschliche Rassen, müsste diese Tendenz umgekehrt sein.

Aus all dem folgt: Wer Menschen, die zum Beispiel von unterschiedlichen Kontinenten stammen, aufgrund unterschiedlicher Hautfarbe oder Verhaltensweise in angebliche Rassen einteilen möchte, macht einen Denkfehler. Und der identische Denkfehler ist es auch, der uns bei Hunden mit rassetypischem Verhalten darauf schließen lässt, ihre Fähigkeit zum Jagen, Hüten oder Bewachen sei ein bloßes Produkt ihrer Genetik – also letztlich der Rassezucht.

Größere genetische Unterschiede bei Hunderassen

Allerdings ist auch klar, dass die genetischen Unterschiede zwischen Hunderassen sehr viel größer sind als zwischen Menschen unterschiedlicher Herkunft. Sie unterscheiden sich nicht nur rein äußerlich sehr viel mehr voneinander als die Menschen auf der Erde. Ihre Genetik ist auch sehr viel unterschiedlicher und wegen der Rassehundezucht auch sehr viel mehr an die jeweilige Gruppe einer Rasse gebunden. Das äußert sich aber vor allem bei den simplen Merkmalen. Für komplexe Merkmale wie die Persönlichkeit gilt: Hier hat die Genetik einer speziellen Rasse sehr viel weniger Einfluss, als die meisten Hundezuchtverbände denken.

Es ist das gleiche, manchmal schwer zu verstehende Phänomen, das sehr viele Hundezüchtende mit dem Kopf schütteln lässt, wenn ich ihnen erkläre, das rassetypische Verhalten ihrer Tiere sei kein Produkt der genetischen Zuchtauswahl: Zwar unterscheiden sich die verschiedenen Hunderassen genetisch sehr viel deutlicher voneinander, als es die Menschen tun. Aber das gilt nicht für die Genetik des Verhaltens. Es muss auch noch andere Ursachen für rassetypische Verhaltensweisen geben.

„Genetischer Essentialismus" ist bei Hundezüchtenden also der Versuch, komplexe Merkmale wie das Wesen der Hunde alleine mit Hilfe der Zuchtauswahl zu kontrollieren. Das wird nicht gelingen. Und es ist ein Stück weit so, als würde man Menschen heutzutage immer noch in Rassen einteilen wollen.

Genetik wird im Biologieunterricht, genauso wie auf typischen Fortbildungsveranstaltungen für Hundefachpersonal, fast überall auf der Welt noch immer mithilfe der Mendelschen Regeln (Sie wissen schon: Die Sache mit den Erbsen und den Blütenfarben) und anhand von Beispielen wie der zystischen Fibrose oder der Sichelzellenanämie gelehrt.

Diese folgen aber den Regeln einer einfachen Genetik, bei der ein Gen für die Ausprägung eines Merkmals verantwortlich ist. Damit spiegeln diese Modelle den aktuellen wissenschaftlichen Stand zur Vererbung komplexer Eigenschaften nicht ansatzweise wider, kritisieren Brian Donovan und Kolleg*innen. Genetik nur auf diese Weise zu erklären, verstärke im Gegenteil sogar die Anfälligkeit für rassistische Stereotype.

Die Forschenden fordern für die Schulbildung von Menschen ein Umdenken hin zu einer „humanen Genetikausbildung". Angesichts der Ausführungen in diesem Buch sollte man diese Forderung auf die Fortbildung von Hundezüchtenden und -trainierenden ausdehnen. Auch sie sollten lernen, dass Genetik mehr ist, als die Vererbung einzelner Genvarianten. Und sie sollten lernen, dass komplexe Merkmale nicht von einzelnen Genen gesteuert werden, sondern von ganzen Genregulationsnetzwerken. Denn was das Wesen der Hunde betrifft, ist rassistisches Denken – anders als bei Merkmalen wie Körperbau und Fellfärbung – auch hier nicht angebracht.

Wichtig ist stattdessen, Schülerinnen und Schülern, Hundezüchtern und Hundezüchterinnen die gesamte Komplexität der Vererbung beizubringen. Dazu gehört neben der Weitergabe genetischer Information natürlich auch die Vererbung einer bestimmten Umwelt, inklusive Kultur und sozialer Faktoren, sowie deren Einflüsse auf die Genregulation. Das Team um den Lernpsychologen Donovan machte sogar Experimente und konnte zeigen, dass sein theoretischer Ansatz in der Praxis funktioniert. Eine Einführung in die Vererbung komplexer Eigenschaften führte dazu, dass Lernende zum Ende des Genetik-Unterrichts weniger rassistisch dachten. Das Fazit der Forschenden: *„Unsere Studie zeigt, dass Biologielehrer, wenn sie über Mendel hinausgehen und eine humanere Genomikausbildung anstreben, die Saat für eine genetisch informiertere und weniger rassistisch voreingenommene Gesellschaft legen können."*

Ich habe aus dieser Erkenntnis eine Extraportion Motivation für das Schreiben dieses Buchs gezogen. Denn wovon die menschliche Gesellschaft fraglos profitieren würde, kann auch für die Hundeszene nicht falsch sein: **Es wird Zeit, dass wir eine moderne Genetik anerkennen und verstehen. Denn diese erklärt, warum es bei Menschen keine Rassen gibt – und bei Hunden der Einfluss der Rasse deutlich überschätzt wird.**

BIOLOGIE DES VERHALTENS

Warum die Biologie des Verhaltens fast immer komplex ist – aber nicht immer kompliziert

Der Brite Clive Wynne kennt sich mit dem Verhalten von Hunden und Wölfen aus wie kaum ein anderer. Der Professor für Psychologie forscht seit Jahren zum Thema. Mit dem Buch „Und wenn es doch Liebe ist?" hat er ein bemerkenswertes Werk zur Mensch-Hund-Beziehung veröffentlicht (Wynne, 2019). Darin fahndet er unter anderem nach den Ursachen dafür, dass Hunde sich so sehr zu Menschen hingezogen fühlen und nach sozialen Beziehungen regelrecht süchtig zu sein scheinen. Nirgends sonst unterscheiden sie sich so deutlich von ihren Vorfahren, den Wölfen.

Bei der Frage, wo die sogenannte Hypersozialität der Hunde herkommen könnte, entpuppt sich Wynne allerdings als typisches Kind des Zeitalters der Genetik. Er schreibt: *„Und natürlich ist es sehr offensichtlich, dass das, was die Subspezies des Wolfs, die wir Hund nennen, von der anderen Subspezies des Wolfs, die wir immer noch als Wolf erkennen, unterscheidet, im genetischen Code verborgen liegen muss."*

Liebe Leserinnen und Leser: Sie haben mein Buch bis hier gelesen. Und ich hoffe sehr, dass Sie es trotz des komplizierten Themas weitgehend genossen haben. Dann sollte es Ihnen angesichts des Zitats gehen wie mir. Sie schütteln den Kopf oder ziehen die Augenbrauen hoch und kritisieren: *„Ist es wirklich in Ordnung, dass hier das Wort ‚muss' steht? Wäre ein bescheidenes ‚kann' nicht richtiger?"*

Denn Sie wissen – offenbar im Gegensatz zu Clive Wynne im Jahre 2019 –, dass es oft die gleichen Konsequenzen hat, wenn ein Gen verändert ist oder epigenetisch anders reguliert wird. Inzwischen ist längst klar, dass viele der Unterschiede zwischen Wolf und Hund, aber vor allem auch zwischen den verschiedenen Hunderassen gerade nicht genetischen, sondern epigenetischen Ursprungs sind.

Natürlich werden wichtige Veränderungen des genetischen Codes die Evolution des Hundes maßgeblich vorangetrieben haben. Aber die Genetik ist ganz bestimmt nicht der alleinige Treiber dieses Prozesses. Die Evolution des Hundes ist wie die Zucht moderner Hunderassen ein komplexes Zusammenspiel aus dem genetischen Erbe des Wolfes und den Umwelteinflüssen, die über Jahrtausende hinweg auf die Hunde und die Regulation ihrer Gene einwirkten. Diese Umwelteinflüsse wurden und werden maßgeblich geprägt durch uns Menschen. Wir möchten mit den Hunden zusammenleben. Wir möchten, dass sie uns lieben und dass sie uns helfen. Und die Hunde möchten, dass wir genau dieses von ihnen erwarten.

Dass Hunde also geworden sind, wie sie sind, dass sie auch heute noch immer wieder so werden, wie sie nun mal sind, hat nie alleine mit dem schicksalhaft von den Eltern geerbten Mix der Genvarianten im Code der DNA zu tun. Es ist das Resultat des epigenetischen Gesprächs, das der genetische Code permanent und über die Grenzen der Generationen hinweg mit der Umwelt führt. Zu diesem Gespräch gehören die Natur und im Fall des Hundes sicher auch der Mensch.

Letztlich interagieren mithilfe der Epigenetik mehrere biologische Systeme miteinander: Natur, Genetik, Mensch und Hund. Und daraus entwickelt sich ein neues Leben oder eine neue Lebensform – ein einzigartiger Hund oder eine außergewöhnliche Hunderasse. Dabei gelingt es, aus einer großen Zahl an genetisch vorgegebenen Möglichkeiten jene auszuwählen, die gerade besonders gut zu den Anforderungen aus der Umwelt passen. Genetische Mutationen verändern diese Möglichkeiten, aber epigenetische Veränderungen bestimmen mit darüber, welche Möglichkeit zum Vorschein kommt. Manchmal machen sie das nicht binnen einer Generation. Und gerade, wenn in früher Kindheit eines Hundes negative Einflüsse tiefe Spuren hinterlassen haben, braucht es extra ausdauernde und intensive Zuwendung, um epigenetische Schalter und Dimmer wieder zum Guten zurückzustellen. Aber die Mühe eines solchen Versuchs sollte sich oft genug lohnen.

Zugegeben: All das ist komplex. Aber die wichtigste Konsequenz daraus ist gar nicht so kompliziert. Haben wir einmal akzeptiert, dass es nicht nur die rabiate Machtausübung der gezielten Selektion genetischer Merkmale ist, die über die Entwicklung einer Rasse oder das Wesen eines Hundes entscheidet, dann erkennen wir, wie wichtig die vermeintlich weicheren Faktoren sind.

Unsere Empathie, Offenheit und Zuneigung für den Hund und seine Vorfahren hat ihn zu dem gemacht, was er ist. Nicht die Zucht. Denn übertriebene Selektion reduziert die Vielfalt und begrenzt die Zahl der Möglichkeiten. Es ist letztlich ja sogar der Zweck der Hundezucht, alle Hunde einer Rasse einem einzigen Ideal möglichst gut anzugleichen.

Ganz anders ist das Ziel des ausgewogenen systemischen Dialogs zwischen Erbe, Umwelt und Vergangenheit. Er hilft der Natur bei der Evolution der Arten. Er potenziert die Anpassungsmöglichkeiten einer Art. Und es sind ausgerechnet die epigenetischen Strukturen, die diese Anpassungsfähigkeit auf biologischer Ebene vermitteln.

Angesichts der intensiven Beziehung zwischen Hund und Mensch, vor allem auch angesichts der Abhängigkeit des Hundes vom Menschen, müssen wir diese Zusammenhänge ernst nehmen. Denn wir Menschen sind es, an die sich die Hunde seit Jahrtausenden anpassen.

Eine konstruktive, sich gegenseitig fördernde Beziehung zwischen Hund und Mensch ist für beider Wohlergehen zwingend notwendig. Eine solche Beziehung schafft einen gigantischen Raum an Anpassungsfähigkeit, aus dem die Biologie schon heute die unerhörte Vielfalt der modernen Hunderassen und die dem Menschen zugewandte Art des Hundewesens geschaffen hat.

Unser Beitrag dazu ist erstaunlich simpel. Wir müssen den Hunden lediglich spiegeln, was sie uns am meisten schenken: Zuwendung – Clive Wynne nennt es schlicht Liebe. Zeigen wir dem Tier immer klar und deutlich, was wir von ihm erwarten. Vertrauen wir ihm, und lassen wir uns zugleich zu hundert Prozent auf die Bedürfnisse des Tieres ein. Versuchen wir außerdem zu erkennen, was dem Hund und seiner Entwicklung guttut. Dann sind wir auf der sicheren Seite. Dann arbeiten wir tagtäglich daran, die Genregulation unserer Vierbeiner in eine positive Richtung zu beeinflussen.

Natürlich heißt das nicht, den Hunden immer nachzugeben. Das wissen Sie als Hundefachleute und erfahrene Hundehaltende sehr viel besser als ich. Es geht darum, mit viel Zugewandtheit stetig zu beobachten, was dem jeweiligen Hund weiterhilft und was ihn in seinen Möglichkeiten eher behindert. Es geht um klare Botschaften und eine stabile Beziehung. Dann sollten Sie im Idealfall intuitiv möglichst oft das Richtige für den Hund, für sich selbst und für Ihre soziale Interaktion mit dem Hund tun. Wenn Ihnen das gelingt, kann Ihnen die DNA des Ihnen anvertrauten Tieres in den meisten Fällen ziemlich egal sein.

EPIGENETIK BRAUCHT GENETIK UND UMGEKEHRT

Warum es eine genetische Basis braucht, damit wir das Potenzial der Epigenetik nutzen können

Als Beleg für seine These vom rein genetisch bedingten Unterschied zwischen Wolf und Hund führt Clive Wynne die mutmaßlichen Ursachen des außergewöhnlichen Sozialverhaltens der Hunde an. Hunde wollen permanent gemocht werden, sie haben normalerweise keine Angst vor fremden Menschen, sondern suchen deren Nähe. Sie scheinen sich nach der Zuneigung ihrer Bezugspersonen regelrecht zu sehnen. Viele Merkmale dieser Hypersozialität konnten Biolog*innen messen. Und sie haben herausgefunden, dass Wölfe an diesem Punkt ganz anders sind. Sie gehen dem Menschen am liebsten aus dem Weg.

Interessanterweise gibt es Menschen, die eine ähnliche Art der Hypersozialität zeigen wie Hunde. Sie haben das Williams Beuren Syndrom, eine seltene Erbkrankheit. Mittlerweile kennt man einige Gene, deren Mutation das Syndrom beim Menschen auslösen können.

Diese Gene kommen auch bei Hunden und Wölfen vor, und Forschende haben sie sich dort vor ein paar Jahren genauer angeschaut. Schließlich entdeckten sie, dass im Code einiger dieser Gene ein deutlicher Unterschied zwischen Hund und Wolf besteht (Jakob, 2022). Wölfe scheinen hier genetisch eher wie gewöhnliche Menschen zu sein, Hunde eher wie Menschen mit Williams Beuren Syndrom. Überspitzt und viel zu sehr vermenschlicht formuliert, sind Hunde also so etwas, wie Wölfe mit Williams Beuren Syndrom.

Stimmt diese Theorie, dann wären eine oder einige wenige Mutationen verantwortlich für einen der größten Unterschiede im Wesen zwischen Wolf und Hund. Das ist plausibel. Doch auch in dieser Geschichte spielt die Epigenetik mit.

Bei komplexen Merkmalen sind es nämlich in der Regel sehr viele Gene, die mithilfe epigenetischer und anderer Regulationsprozesse auf die Aktivierbarkeit vieler anderer Gene einwirken und von diesen natürlich auch zurück beeinflusst werden. So können Veränderungen an einzelnen Genen in die Regulation vieler anderer Gene eingreifen und damit viele verschiedene Veränderungen zugleich anstoßen.

Ähnliches können aber auch Veränderungen der Epigenetik bewirken. Und es kann sogar beides zugleich passieren: Eine genetische Veränderung kann die Epigenetik beeinflussen und auf diesem Weg ein komplexes Merkmal grundlegend verändern.

Genau das scheint auch bei manchen Hunden der Fall zu sein: Forschende aus Princeton, USA, und Budapest, Ungarn, entdeckten im Jahr 2024 bei den Vierbeinern eine Veränderung in einem DNA-Abschnitt, der gar keinen Code für ein Gen enthält. Er hilft stattdessen der epigenetischen Genregulation. Durch diese Mutation faltet sich das Chromatin genannte Gemisch aus DNA und Histon-Proteinen anders als bei anderen Tieren. Das hat zur Folge, dass eines der Williams Beuren Gene anders abgelesen wird. Und daraus resultiert letztlich, dass die Hunde eine besonders starke, auf Menschen gerichtete Hypersozialität besitzen (Tandon et al., 2024).

Wir lernen aus diesem Beispiel, dass man Epigenetik und Genetik von komplexen Merkmalen niemals getrennt betrachten darf. Epigenetische und genetische Systeme arbeiten immer Hand in Hand. Hier hat offenbar die starke Selektion des Menschen, der sich über Jahrhunderte hinweg schon immer Hunde wünschte, die auf ihn bezogen sind, eine genetische Mutation bevorzugt, die eine epigenetische Wirkung hat. Grundsätzlich könnte ein Umwelteinfluss aber ganz ähnliche Folgen haben.

Die Epigenetik braucht also die Genetik, um ihren Einfluss auf die Anpassungsfähigkeit von Organismen auszuüben.

Ein Gen, das nicht existiert, kann auch nicht reguliert werden. Aber die Genetik ist umgekehrt auch immer darauf angewiesen, dass ihr die Epigenetik hilft, sich selbst zu organisieren und komplexe Aufgaben zu lösen.

Die Epigenetik alleine wird aus Wölfen keine Hunde machen können. Die Genetik schafft das alleine aber auch nicht. Eine genetische Mutation kann dramatische Folgen haben, eine epigenetische Anpassung aber auch.

Und was diese Beobachtung so spannend macht: Die Epigenetik wandelt sich nicht nur wegen einer genetischen Veränderung, sondern oft auch zufällig oder als Reaktion auf Signale aus der Umwelt oder des Lebensstils. Deshalb ist es mehr als logisch, dass viele Wesensunterschiede zwischen Individuen oder zwischen Rassen von Hunden überhaupt keine genetische, sondern ausschließlich eine epigenetische Ursache haben.

Diese Unterschiede dürften nicht so dramatisch sein wie die Abweichung im Sozialverhalten von Wolf und Hund. Aber dass ein Hund zum Beispiel aggressiv, reizbar, ängstlich und schnell überfordert ist, während ein Vertreter der gleichen Rasse die Ruhe und Freundlichkeit selbst sein kann, dazu braucht es keine genetischen Mutationen. Das schafft schon die epigenetische Prägung. Und die ist auch durch uns Menschen veränderbar.

Möglichkeiten einer epigenetischen Einflussnahme gibt es mehr als genug. Alleine das System zur Stressregulation kennt mehrere Hormone. Im Gehirn arbeitet zudem eine Vielzahl von Botenstoffen, die Einfluss auf die Persönlichkeit von Mensch und Hund nehmen können. Und dann gibt es auch noch wichtige Phasen in der Entwicklung eines jeden heranwachsenden Säugetiers, während denen sich entscheidet, wie das Nervensystem arbeiten und auf bestimmte Situationen reagieren wird.

Botenstoff Oxytocin

Als es um epigenetische Tests ging, erwähnte ich bereits das Beispiel der Empfindlichkeit für das Hormon Oxytocin. Dieser Botenstoff beeinflusst unter anderem das Bindungs- und Sozialverhalten von Säugetieren. Und von Hunden ist bekannt, dass die Epigenetik die Empfindlichkeit für Oxytocin und damit das Verhalten verändern kann.

Es genügt, dass die Epigenetik regelt, wie viele Andockstellen für Oxytocin ein bestimmter Typ von Nervenzellen enthält. Ist deren Gen wegen eines offenen Epigenoms sehr aktiv, hat die Zelle viele Andockstellen und reagiert empfindlicher auf das Hormon als andere Zellen. So einfach ist das. Es gibt sogar Studien bei Menschen, die belegen, dass früh traumatisierte und vernachlässigte Menschen ihr Oxytocin anders regulieren als nicht traumatisierte Menschen.

Bei Präriewühlmäusen zeigten Forschende, dass die Bindung zweier Säugetiere zueinander ein zutiefst epigenetisches Phänomen ist. Diese Tiere sind streng monogam. Nach der ersten Paarung bleibt sich ein Paar sein Leben lang treu. Im Experiment gelang es, diese intensive Bindung bei zwei Tieren auszulösen, die sich nicht paaren durften. Stattdessen verabreichten die Forschenden ein epigenetisches Medikament (Wang et al., 2013). Der Effekt war der gleiche: Es entstand eine extrem starke Bindung zwischen beiden Tieren.

Auch wenn die Erforschung der Epigenetik des Verhaltens noch am Anfang steht – erst recht bezogen auf das Verhalten der Hunde –, so machen all diese Ergebnisse eines klar: Heutzutage kann niemand mehr darüber nachdenken, wie Hunde werden, wie sie sind, ohne sich mit der Epigenetik zu beschäftigen.

Haltende, Züchtende und Trainierende von Hunden drehen im Zusammenspiel mit ihren Anvertrauten weitgehend unbewusst aber letztlich unentwegt an einer Vielzahl wichtiger epigenetischer Schalter und Dimmer. Sie prägen so das Wesen ihrer Hunde inklusive des Wesens derer Nachfahren.

KAPITEL 8

WAS IST GUT FÜR DEN HUND?

Welche Auswirkungen die neuen Erkenntnisse haben könnten

Wie sollten wir auf das neue Wissen aus der Welt der Epigenetik reagieren? Welche Konsequenzen hat es speziell für die Welt der Hundefreundinnen und -freunde? Wenn Hunde auch ohne genetische Ursache ein auffälliges Verhalten zeigen oder krankheitsanfällig werden können, dann müssen sie nicht automatisch aus der Zucht genommen werden. Die Ursachen manch negativer Merkmale sollten stattdessen im Zuchtumfeld sowie bei den Trainierenden und Haltenden oder in anderen Umwelteinflüssen gesucht und bekämpft werden.

Dieses Kapitel möchte Anregungen geben und zum Diskutieren animieren. Es wird Zeit, dass die Kynologie umdenkt.

DIE PERSÖNLICHKEIT DES HUNDES

Warum Hunde weniger geprüft werden sollten, züchtende und trainierende Menschen aber umso mehr

Niemand wird ernsthaft bezweifeln, dass ein Spitz und ein Schäferhund in der Regel sehr verschiedene Persönlichkeiten haben. Und es ist auch längst belegt, dass das Verhalten von Hunden durchaus von deren Genetik abhängt. Die neue Erkenntnis ist jedoch: Die meisten der verantwortlichen Genvarianten haben nichts mit der jeweiligen Hunderasse zu tun. Ein Spitz, der unter Schäferhunden aufwächst und wie ein solcher ausgebildet wurde, wird diesen oft genug an Furchtlosigkeit, Disziplin und Konzentrationsfähigkeit in nichts nachstehen.

Wenn bestimmte Hunderassen ein bestimmtes typisches Verhaltensrepertoire besitzen, hängt das also vor allem an der Art, wie die Hunde wegen ihrer Rasse über Generationen hinweg auf immer gleiche Art aufgezogen und behandelt werden. **Die Tiere haben rassetypische Umwelten.** Daraus resultiert eine rassetypische Epi- oder Nebengenetik. Und diese prägt die Persönlichkeit des Hundes.

„Man geht zweieinhalb Mal um die Welt, um den perfekten Zuchtrüden zu finden. Und dann verhaut man's", sagt die schweizerische Hundeexpertin Christina Sigrist. Sie spielt darauf an, dass neben den Genen auch die Umwelt eine wichtige Rolle bei der Entwicklung der Hunde-Persönlichkeit spielt. Hunde zum Zuchtrüden zu fliegen, findet sie absurd. Das sei viel zu viel Stress für die zukünftige Mutter. Und der wirke sich oft negativ auf den Nachwuchs aus.

Frühkindliche Erfahrungen, die Bindung zum Muttertier und das Verhalten der Züchtenden, Haltenden und Trainierenden prägen die Tiere oft viel tiefer als deren geerbte Genvarianten.

Den neuesten Beleg für diese These lieferte das Team des US-amerikanischen Molekularbiologen Matteo Pellegrini, über dessen Studie ich im dritten Kapitel berichtet habe (Sanders et al., 2022). Danach existieren tatsächlich nebengenetische Strukturen in Zellen von Hunden, die Rückschlüsse auf ihre Persönlichkeit zulassen. Das Wesen eines Hundes ließ sich im Experiment anhand dieser Strukturen besser vorhersagen als über eine Analyse des genetischen Codes.

Bestätigen sich diese Ergebnisse in weiteren Studien, möchten die Forschenden darauf sogar zukünftige epigenetische Wesenstests für Welpen aufbauen. Unabhängig von der Rassezugehörigkeit und Genetik könnte man dann schon frühzeitig bestimmen, ob sich ein Hund für bestimmte spätere Aufgaben besonders eignet oder nicht.

Das Verhalten von Hunden hänge mit den epigenetischen Mustern in deren Zellen zusammen, sagt Pellegrini (ich wiederhole das hier gerne): *„Unsere Ergebnisse eröffnen damit die Möglichkeit, die Epigenetik für das breite Testen und die Auswahl gewünschter Verhaltensmerkmale etwa bei Begleit- oder Diensthunden zu nutzen."*

Diese Erkenntnis könnte die Kynologie radikal verändern. Auf einmal rücken die Qualität der Zucht- und Aufzuchtbedingungen sowie des späteren Hundetrainings in den Fokus, wenn es um das Wesen der Tiere geht. Denn diese Faktoren sind durchaus in der Lage, epigenetische Strukturen zu verändern. Das könnte der Anfang vom Ende der modernen Rassehundezucht sein.

Verantwortung von Züchtenden und Hundehaltenden

Das hochkomplexe Phänomen der Hundepersönlichkeit ist evolutionsbiologisch gesehen sehr viel älter als die Rassezucht. Sind Hunde verhaltensauffällig, ist offensichtlich meist die Umwelt daran schuld, mit Abstrichen vielleicht noch die allgemeine Genetik des Hundes, aber so gut wie gar nicht die spezielle Genetik der Rasse. Das bedeutet aber auch: Wenn ein Hund beim Wesenstest versagt, sollte man in

Zukunft vielleicht sehr viel genauer auf die Züchtenden und die Aufzuchtbedingungen achten als bisher. Einfach nur den einen, besonders ängstlichen oder gar bissigen, überaggressiven und unberechenbaren Hund aus der Zucht zu nehmen, ist nach den neuen Erkenntnissen keine zielführende Lösung.

Man sollte stattdessen schauen, wo in seinem Umfeld mögliche Auslöser für eine negative Prägung liegen. Man sollte schauen, ob ähnliche Verhaltensauffälligkeiten auch dann in solchen Zuchtlinien gehäuft vorkommen, wenn betroffene Hunde genetisch nicht verwandt miteinander sind. Und dann sollte man anstelle der Genvarianten des Hundes die wahren Ursachen des auffälligen Wesens aus der Zucht beseitigen: die negativen Umwelteinflüsse. Die Genvarianten können nämlich trotz negativem Verhalten durchaus vorteilhaft und äußerst positiv für die Zuchtlinie und die genetische Vielfalt der ganzen Rasse sein.

Schon heute wollen fortschrittliche Zuchtverbände ihren Mitgliedern beispielsweise auferlegen, besonders viel Auslauf und ausreichende Trainingsangebote für Welpen und ihre Muttertiere zur Verfügung zu stellen. Auch Faktoren wie der Zeitpunkt der Abgabe der Jungtiere an die neuen Haltenden und der Stress des Muttertiers scheinen einen wichtigen Einfluss auf die spätere Persönlichkeit des Hundes zu haben.

„Wir sollten eigentlich den Charakter der Züchter prüfen und nicht das Wesen der Hunde.“ So lautet ein Satz, den ich häufig höre. Er taucht immer dann auf, wenn ich als Buchautor und Experte für Epigenetik vor Hundezüchtenden und -trainierenden Vorträge und Workshops zum Thema halte. Die neue Wissenschaft untermauert also eine Position, die in der Hundeszene alles andere als neu ist – aber leider bisher keine allzu große Lobby hat.

Das sollte sich jetzt ändern. Sie haben in diesem Buch gelernt, wieso frühkindliche und sogar vorgeburtliche Erfahrungen das Wesen des Hundes zeitlebens prägen können – ganz egal, was für Genvarianten er geerbt hat. Diese Prägungen beeinflussen nicht den Text der Gene, sondern deren mehr oder weniger direkte Umgebung und damit lediglich die Art, wie die Gene reguliert und die zugehörigen Körperzellen programmiert werden.

Das klingt nach wenig. Aber es ist eine Erkenntnis, die unseren Blick auf das Leben komplett verändert. Denn epigenetische Veränderungen sind im Gegensatz zu genetischen Mutationen umkehrbar. Viele von ihnen reagieren auf den Lebensstil und Einflüsse aus der Umwelt.

Diese Erkenntnis verändert natürlich auch den Blick auf all die vielen großen und kleinen Dinge, die Ihren Hunden ein stabiles Wesen schenken. Sie haben das Verhalten Ihrer Hunde, aber auch deren Gesundheit, Intelligenz und Lebenserwartung ein Stück weit selbst in der Hand.

NUR DAS BESTE FÜR DEN HUND

Genetik und Epigenetik sind keine Gegensätze, sie sind auch keine Gegenspieler. Manche Esoteriker*innen wollen uns weismachen, die Epigenetik sei eine Methode, missliebige Genvarianten auszutricksen. Die Idee eines sogenannten Epigenetik-Coachings, das uns hilft, einzelne Gene unserer Hunde gezielt in ihrer Aktivierbarkeit zu manipulieren, ist – Stand heute – Unfug.

Die Epigenetik ist ein wichtiges Werkzeug, das den Zellen im Körper eines Menschen oder Hundes hilft, das Maximale aus ihren schicksalhaft geerbten Genvarianten herauszuholen. Was dabei aus biologischer Sicht maximal ist, bestimmen der Lebensstil und die Umwelt. Denn nur darum geht es: Dass die jeweilige Zelle mithilfe einer ausgefeilten Genregulation und im Rahmen ihrer genetischen Möglichkeiten bestmöglich mit den Herausforderungen aus ihrer individuellen Umwelt zurechtkommt.

Die moderne Rassehundezucht hat sich bislang vor allem auf die Genetik konzentriert. Trainierende und Haltende von Hunden beeinflussen vor allem die andere Seite: Sie gestalten die Lebensbedingungen ihrer Vierbeiner möglichst optimal, damit diese gesund und ausgeglichen sind. Diese unterschiedlichen Ansätze führen oft zu Konflikten. Doch die Epigenetik hat die Kraft, beide Seiten miteinander zu versöhnen. Denn sie bildet die Schnittstelle zwischen ihnen.

Züchtende sollten deshalb ein Stück weit zu Trainierenden werden. Sie sollten Kurse machen, damit sie sich speziell in Welpen- und Junghundetraining besser auskennen. Sie sollten darin geschult werden, wie eine optimale fördernde Umwelt für Hunde aussieht. Und sie sollten darauf achten, von Anfang an positive stabile Bindungen zu ihren Hunden aufzubauen. Auch das kann man in Kursen lernen.

Umgekehrt besitzen verantwortungsbewusste Züchtende längst ein riesengroßes Wissen über die Kultur und die spezifischen Ansprüche der ihnen anvertrauten Rasse. Sie kennen die rassetypische Art, sich zu entwickeln, wissen, was man ihren Anvertrauten in einem bestimmten Stadium bereits zutrauen kann und was besser noch nicht. Von diesen Erfahrungen können selbstverständlich auch Trainierende und Haltende eine Menge lernen.

Partner auf Augenhöhe

Dass es bei der Betrachtung komplexer Merkmale des Hundes – seines Wesens, seiner Gesundheit, seiner Entwicklungsfähigkeit und seines Alterungstempos – sehr viel mehr auf die Regulation der Gene ankommt als auf die Gene selbst, ist keine neue Erkenntnis:

„Man weiß auch, dass es die Umwelt ist, welche die in einem Lebewesen vorhandenen Gene ‚einschaltet' oder nicht einschaltet. Das heißt, nicht alle im Erbgut vorhandenen Anlagen werden von sich aus, also automatisch, zur Entfaltung gebracht, sondern dies steuert die Umwelt." So formulierte es der Verhaltensbiologe und Kynologe Heinz Weidt schon im Jahr 1985 in der Zeitschrift *Die Pirsch* (Weidt, 1985). Damals wusste man noch nichts von den molekularen Mechanismen der Epigenetik. Aber dass es so etwas wie Epigenetik geben muss, war für den Experten offensichtlich.

Für uns Menschen, die wir mit Hunden leben und zusammenarbeiten, heißt das, endlich anzuerkennen, dass unsere Gefährten mehr sind als die Summe ihrer Gene und Genvarianten. **Sie sind hochsoziale Wesen mit Kultur, hoher Anpassungs- und Lernfähigkeit und einem gigantischen biologisch begründeten Anspruch auf Zugewandtheit und Bildung. Sie sind unsere Partner auf Augenhöhe.**

Fast alle Menschen aus der Hundeszene, mit denen ich mich in den vergangenen Jahren unterhielt, haben diese Sicht auf die Vierbeiner verinnerlicht. Das Ehepaar Heinz Weidt und Dina Berlowitz kämpft schon seit Jahren für eine *„harmonische Beziehung zwischen Mensch und Hund"*, die Rücksicht darauf nimmt, dass das Wesen des Hundes im *„Entwicklungsprozess zwischen Anlage und Umwelt"* entsteht (Weidt & Berlowitz, 1998).

Die erfahrene Hundetrainerin und Züchterin Petra Krivy sieht es ähnlich und betont vor allem die große Bedeutung der frühkindlichen Phase: *„Entspannte, ausgeglichene Welpen haben eine entspannte Mutter"*. Sie unterstreicht, was für ein *„Segen"* es ist, wenn sich für mutterlose Welpen fürsorgliche Pflegemütter finden (Gansloßer & Krivy, 2014).

Christina Sigrist plädiert angesichts der Erkenntnisse der Epigenetik für ein Gesamtpaket, das die Ausbildung von Hunden weiter voranbringen soll. Ganz wichtig sei die Förderung der Bindungsfähigkeit von Hunden und den zugehörigen Menschen.

Wichtig ist dabei die Unterstützung junger Tiere, die aus eigenem Antrieb heraus die Welt entdecken wollen. Dieses selbst initiierte Explorationsverhalten sollte sich idealerweise mit der erfolgreichen Rückkehr zum Bindungspartner oder der Partnerin und der entsprechenden Erneuerung der absichernden Bindungserfahrung abwechseln. Das erkannte der renommierte Münchner Bindungsforscher Karl Heinz Brisch mit Bezug zum Menschen schon vor Langem.

Außerdem ist für Hunde Gewöhnungslernen sehr wichtig. Es erspart den Tieren wie den Haltenden später im Leben unnötige Ängste und ungesunden Stress. Dazu gehört auch die frühe Anpassung an alltägliche Umweltreize. Und Hunde sollten so früh wie möglich lernen, sich selbst und ihre Impulse zu kontrollieren und Frustrationen zu verarbeiten. All das – und noch viel mehr – sind eigentlich basale Bestandteile eines ausgeglichenen Hundewesens. Ihre Aufgabe als Hundezüchtende, Hundehaltende oder Hundetrainierende wird sein, noch mehr solcher Bestandteile zu entdecken und mit viel Sensibilität, Liebe und Zugewandtheit herauszufinden, wie sie diese wichtigen Elemente bei Ihren Anvertrauten fördern können.

Dieses Buch ist keine Bedienungsanleitung für den perfekten Hund. Das wäre unseriös. **Das Wesen eines jeden Hundes ist verschieden. Es ist hochkomplex. Und nur Sie, die Expert*innen für Ihre und Partner*innen Ihrer Hunde, sind in der Lage, wirklich zu erkennen, was eine gute Umwelt für Ihr individuelles Tier ist, was es fördert, was ihm hilft, was seinen biologischen Anpassungsprozess in idealer Weise in die gewünschten Bahnen lenkt.**

Der Genetiker Steve Jones vom University College in London sagte einmal: *„Wir sollten aufhören, ändern zu wollen, wie wir sind, sondern endlich damit beginnen zu verändern, wie wir leben.“* Er bezog das auf die menschliche Gesundheit. Aber genauso gilt auch für alle Hundehaltende: Versuchen Sie nicht, Ihren Hund zu ändern. Ändern Sie stattdessen, wie er lebt.

SERVICE

QUELLEN

Battaglia, M. et al. (2023): Enhanced harm detection following maternal separation: Transgenerational transmission and reversibility by inhaled amiloride. Science Advances 9.

Boscardin, C. et al. (2022): Paternal transmission of behavioural and metabolic traits induced by postnatal stress to the 5th generation in mice. Environmental Epigenetics 8.

Cimarelli, G. et al. (2017): Social Behavior of Pet Dogs Is Associated with Peripheral OXTR Methylation. Frontiers in Psychology 8, DOI: 10.3389/fpsyg.2017.00549.

de Groot et al. (2016): Decades of population genetic research reveal the need for harmonization of molecular markers: the grey wolf *Canis lupus* as a case study. Mammal Review, 46.

Darwin´s Ark (2024): https://darwinsark.org/

Donkin, I. et al. (2016): Obesity and beriatric surgery drive epigenetic variation of spermatozoa in humans. Cell Metabolism 23.

Donovan, B.M. et al. (2024): Humane genomics education can reduce racism. Science 383, DOI: 10.1126/science.adi7895.
Ecker, J.R. et al. (2012): ENCODE explained. Nature 489, 06.09.2012, S. 52–55.
Eckholm, M.E. et al. (2014): An integrative analysis reveals coordinated reprogramming of the epigenome and the transcriptome in human skeletal muscle after training. Epigenetics, S. 1557–1569.
Fraga, M. F. et al. (2005): Epigenetic differences arise during the lifetime of monozygotic twins. PNAS 102.
Ganslоßer, Udo & Petra Krivy (2014): Ein guter Start ins Hundeleben. Müller Rüschlikon Verlag.
Gapp, K. et al. (2014): Implication of sperm RNAs in transgenerational inheritance of the effects of early trauma in mice. Nature Neuroscience 17.
Heyn, H. et al. (2012): Distinct DNA methylomes of newborns and centenarians. PNAS 109, S. 10522–10527.
Horvath, S. (2013): DNA methylation age of human tissues and cell types. Genome Biology 14, 3156.
Hutton, I. A. et al. (2023): The human cell count and size distribution. PNAS 120, e2303077120.
Huypens, P. et al. (2016): Epigenetic germline inheritance of diet-induced obesity and insulin resistance. Nature Genetics 48.
Jablonka, Eva & Marion J. Lamb (2005): Evolution in Four Dimensions. Genetic, Epigenetic, Behavioral, and Symbolic Variation in the History of Life. MIT Press, Cambridge (deutsche Übersetzung: Hirzel, Stuttgart 2017).
Jakob, Katharina (2022): Gefährte Hund. Gräfe und Unzer Verlag.
Jakob, Katharina (2023): Die Menschenkenner: Warum Hunde uns so gut verstehen. Riffreporter. https://www.riffreporter.de/de/wissen/kommunikation-experte-evolution-wie-hunde-gelernt-haben-menschen-zu-verstehen (Abruf 20. Mai 2024).

Keller, S. M.; T. S. Doherty & T. L. Roth (2019): Pharmacological manipulation of DNA methylation normalizes maternal behavior, DNA methylation, and gene expression in dams with a history of maltreatment. Scientific Reports 9,10253.

Lange, Axel (2020): Evolutionstheorie im Wandel. Ist Darwin überholt? Springer Heidelberg.

Lange, Michael (2005): Deutschlandfunk. https://www.deutschlandfunk.de/hundeerbgut-vollstaendig-entziffert-100.html (Abruf 14. Mai 2024).

Li, C. Z. et al. (2024): Epigenetic predictors of species maximum life span and other life-history traits in mammals. Science Advances 10, eadm7273.

Lyko, F. et al. (2010): The Honey Bee epigenomes: Differential methylation of brain DNA in queens and workers. PLoS Biology 8.

Ma et al. (2014): De-Novo Learning of Genome-Scale Regulatory Networks in S. cerevisae. PloS one. 9.106479.101371/journal.pone.0106479

Morill, K. et al. (2022): Ancestry-inclusive dog genomics challenges popular breed stereotypes. Science 376.

Ocampo, A. et al. (2016): In vivo amelioration of age-associated hallmarks by partial reprogramming. Cell 167, S. 1719–1733.

Plagemann, Andreas (Ed.) (2012): Perinatal programming: the state of the art. Walter de Gruyter, Berlin/Boston.

Poulson, P. et al. (2007): The epigenetic bases of twin discordance in age-related diseases. Pediatric Research 61, S. 38–42.

Przybilla, Steve (2024): Vorsorge für Vierbeiner: Sind Hunde-Gentests sinnvoll oder Geldmacherei? Riffreporter. https://www.riffreporter.de/de/wissen/hunde-gentest-dna-rasse-bestimmung-stammbaum-krankheit-forschung-kritik-genetik.

Rodgers, A.B . et al. (2015): Transgenerational epigenetic programming

via sperm microRNA recapitulates effects of paternal stress. PNAS 112.
Sanders, A. R. et al. (2022): Association of DNA methylation with energiy fear-related behaviors in canines. Frontiers in Psychology 13.
Schellong, K. et al. (2012): Birth Weight and Long-Term Overweight Risk: Systematic Review and a Meta-Analysis Including 643,902 Persons from 66 Studies and 26 Countries Globally. PLOS one.
Simola, D. F. et al. (2016): Epigenetic (re)programming of caste-specific behavior in the ant *Camponotus floridanus*. Science 351.
Spork, Peter (2009): Der zweite Code. Epigenetik – oder: Wie wir unser Erbgut steuern können. Rowohlt Verlag.
Spork, Peter (2017): Gesundheit ist kein Zufall. Wie das Leben unsere Gene prägt. Die neuesten Erkenntnisse der Epigenetik. DVA.
Spork, Peter (2020a): Heuschrecken in Afrika: Die achte Plage. Riffreporter. https://www.riffreporter.de/de/wissen/heuschrecken (Abruf 1. Juli 2024).
Spork, Peter (2020b): Epigenetische Vererbung von Übergewicht: Nicht nur Schwangere tragen Verantwortung. Riffreporter. https://www.riffreporter.de/de/wissen/epigenetische-vererbung (Abruf 5. August 2024).
Spork, Peter (2021a): Die Vermessung des Lebens. Wie wir mit Systembiologie erstmals unseren Körper ganzheitlich begreifen – und Krankheiten verhindern, bevor sie entstehen. DVA.
Spork, Peter (2021b): Lebensstil beeinflusst Alterung. Riffreporter. https://www.riffreporter.de/de/wissen/gesunder-lebensstil-bremst-epigenetische-uhr-alterung (Abruf 15. Juni 2024).
Spork, Peter (2022): Wie ist mein biologisches Alter, und wie gut sind die neuen Selbsttests. Ein Erfahrungsbericht. Riffreporter. https://www.riffreporter.de/de/wissen/epigenetische-uhr (Abruf 18. Juli 2024).

Spork Peter (2023): Wunderbar wandelbar: Wie Wasserflöhe fleischfressende Pflanzen austricksen. Riffreporter. https://www.riffreporter.de/de/wissen/wasserfloh-daphnia-wandelbar-anpassung-umweltverschmutzung-klimawandel-feinde (Abruf 15. Juni 2024).

Tandon, D. et al. (2024): Canine hyper-sociability structural variants associated with altered three-dimensional chromatin state, BMC Genomics, 25:767.

The ENCODE Project Consortium (2012): An integrated encyclopedia of DNA elements in the human genome. Nature 489, S. 57–74.

Tomar, A. et al. (2024): Epigenetic inheritance of diet-induced and sperm-borne mitochondrial RNAs. Nature 630, S. 720–727.

Trumler, Eberhard (1989): Mit dem Hund auf Du. Piper Verlag.

Vullioud, C. et al. (2024): Epigenetic signatures of social status in wild female spotted hyenas (*Crocuta Crocuta*). Communications Biology.

Wang, H. et al. (2013): Histone deacetylase inhibitors facilitate partner preference formation in female prairie voles. Nature Neuroscience 16, S. 919-924.

Wang, T. et al. (2020): Quantitative translation of dog-to-human aging by conserved remodeling of the DNA methylome. Cell Systems 11, S. 176–185.

Waterland, R.A. & R.L. Jirtle (2003): Transposable elements: Targets for early nutritional effects on epigenetic gene regulation. Molecular and Cell Biology 23.

Weaver, I.C.G. et al. (2004): Epigenetic programming by maternal behaviour. Nature Neuroscience 7.

Weidt, Heinz (1985): Unsere Jagdhunde. Die Wesensentwicklung des Hundes, 7. Teil und Schluss. Die Pirsch.

Weidt, Heinz & Dina Berlowitz (1998): Das Wesen des Hundes. Naturbuch Verlag.

Wynne, Clive (2019): Und wenn es doch Liebe ist? Kynos Verlag.

ÜBER DEN AUTOR

Dr. Peter Spork ist laut Deutschlandfunk nicht nur „einer der führenden deutschen Wissenschaftsautoren", sondern auch „der Mann, der die Epigenetik populär machte". Der promovierte Biologe schreibt seit mehr als 30 Jahren für viele deutschsprachige Zeitungen und Magazine und hält regelmäßig Vorträge – auch für die Hundeszene. Er verfasste mehrere Sachbücher, die insgesamt in zehn Sprachen übersetzt wurden.

Sporks Bücher zur Epigenetik – *Der zweite Code* und *Gesundheit ist kein Zufall* – wurden beide *Spiegel*-Bestseller. Die Epigenetik des Hundes spielt in ihnen keine Rolle, weshalb er nun ein Buch zu diesem Thema folgen ließ.

Seinem Stil ist er treu geblieben: So anschaulich wie möglich schreiben, aber stets darauf achten, die wissenschaftliche Korrektheit nicht der Einfachheit zu opfern. Denn, wie schrieb es schon die *Saarbrücker Zeitung*: „Peter Spork besitzt die seltene Gabe, hochkomplexe Themen allgemeinverständlich zu erklären."

Infos zu Vorträgen, Workshops, Büchern und Newslettern: www.peter-spork.de

REGISTER

BILDNACHWEIS

Mit 4 Schwarzweißfotos von Christoph Bock (1: S. 31), Angela Lek (1: S. 51), Sarah Benhaiem/Leibniz IZW (1: S. 66), Randy Jirtle (1: S. 75).
Mit 8 Illustrationen von Michael Ströck (mstroeck) (1: S. 16 links), National Human Genome Research Institute (1: S. 16 rechts), Shutterstock/ Dee-sign (1: S. 25), Wolfgang Lang/Kosmos (1: S. 29), Hanna Wenzel/Kosmos (2: S. 34, 86), Ma et al. 2014 (1: S. 47), Martin Roszkowski/Johannes Bohacek/AG Mansuy Zürich (1: S. 109).

IMPRESSUM

Umschlaggestaltung von GRAMISCI Editorialdesign/Stefanie Wawer unter Verwendung von zwei Farbzeichnungen von Shutterstock/Aarachchige Don (Hundesilhouette), Shutterstock/ TanyaJoy (Hintergrund Doppelhelix).

Mit 4 Schwarzweißfotos und 8 Schwarzweißzeichnungen.

ISBN 978-3-440-18039-6
Redaktion: Hilke Heinemann
Gestaltungskonzept: Populärgrafik, Stuttgart
Gestaltung und Satz: DOPPELPUNKT, Stuttgart
Produktion: Angela List
Druck und Bindung: Friedrich Pustet GmbH & Co. KG, Regensburg
Printed in Germany / Imprimé en Allemagne

FSC
www.fsc.org
MIX
Papier | Fördert gute Waldnutzung
FSC® C014889